软件之美

申艳光 申思 著

清華大學出版社
北 京

内容简介

行走在红尘里，每个人都会遇见暴风骤雨和诗情画意。“忧者见之而忧，喜者见之而喜”。一路上，我们会听见花开的声音，会看见花绽的容颜，也会感受花落花谢的怜惜，如果我们能时时拥有温暖愉悦的心境，一路经历着、感悟着、感恩着，我们的生命就会开出美丽的花朵，永绽不败。

一提到软件工程师，你是不是就会自动脑补一个对着计算机不停调试的呆板形象，而且会想到“IT 男”“码农”这些词语？确实，在很多人心中，软件工程师是和呆板、机械、无趣画上等号的。

请跟我们走进《软件之美》，本书将带你走进一个充满人文艺术气息的软件工程中，和我们一起发现、解读、领悟和体会软件之美和生活之美，敞开心扉、提升心境，体悟生活，感悟人生。

本书共 8 章，内容包括软件中的思维、软件需求获取与分析、软件用户界面设计、邂逅编码、软件测试的心境、软件项目团队管理、软件文档写作的艺术和以道驭术等。

本书可供从事计算机科学与技术学科和软件工程学科的相关工作者阅读、参考。

图书在版编目(CIP)数据

软件之美/申艳光，申思著．—北京：清华大学出版社，2018
ISBN 978-7-302-48976-4

Ⅰ．①软…　Ⅱ．①申…　②申…　Ⅲ．①软件设计—美学　Ⅳ．①TP311.1

中国版本图书馆 CIP 数据核字(2017)第 293458 号

责任编辑：龙启铭
封面设计：何凤霞
责任校对：时翠兰
责任印制：丛怀宇

出版发行：清华大学出版社
　　网　　址：http://www.tup.com.cn，http://www.wqbook.com
　　地　　址：北京清华大学学研大厦 A 座　　**邮　　编**：100084
　　社 总 机：010-62770175　　**邮　　购**：010-62786544
　　投稿与读者服务：010-62776969，c-service@tup.tsinghua.edu.cn
　　质量反馈：010-62772015，zhiliang@tup.tsinghua.edu.cn
　　课件下载：http://www.tup.com.cn，010-62795954
印 装 者：北京博海升彩色印刷有限公司
经　　销：全国新华书店
开　　本：170mm×230mm　　**印　张**：8　　**字　　数**：118 千字
版　　次：2018 年 8 月第 1 版　　**印　　次**：2018 年 8 月第 1 次印刷
印　　数：1～3000
定　　价：39.00 元

产品编号：074780-01

前　言

教育的目的是什么？古今中外的教育家、科学家、思想家、企业家们都对这个问题进行了思考。

子曰："兴于诗，立于礼，成于乐。"孔子提出了他从事教育的三方面内容：诗、礼、乐，要求学生要有全面、广泛的知识和技能。

教育最根本的目标应该是培养健全、完整的人。笔者从1991年至今一直在高校从事计算机教学和科研工作，深感软件工程学科与各类学科之间融通的重要性，可谓"千科理相通，万法理可鉴"。

德国存在主义哲学家雅斯贝尔斯认为："教育是人的灵魂的教育，而非理智知识和认识的堆积。"1944年，梁思成先生在清华大学做演讲时提出"文理分家会导致人的片面发展，只有技术没有人文思想的是空心人"。

蔡元培先生在《教育独立议》中指出："教育是帮助被教育的人，给他能发展自己的能力，完成他的人格，于人类文化上尽一分子的责任；不是把被教育的人，造成一种特别器具，给抱有他种目的的人去应用的。"

李政道先生多年致力于倡导科学与艺术的结合，他认为两者的融合必将促进、加速文化的发展，而且是人类文明发展的必然规律。

李开复说过，未来什么都有可能被替代，唯独艺术和娱乐不可能被替代。艺术能够培养我们的感性素质，提升感性智慧，推动人类感性文明发展。

软件的设计、开发和使用受开发者和使用者的指导思想、世界观、情感、文化素养、审美情趣等人文因素的影响。华为公司曾决定把产品设计中心放到法国，把质检中心放到日本，原因是华为公司的员工 97%为理工科出身，可见目前文理科分离的教育模式，普遍存在人文艺术的素质教育的缺失。

“人文”一词，最早出现于公元前 11 世纪的《周易》，《易・贲・彖辞》说道：“刚柔交错，天文也。文明以止，人文也。观乎天文，以察时变；观乎人文，以化成天下。”这里的“人文”泛指诗、书、礼、乐等文学艺术。近代的“人文”理念起源于欧洲文艺复兴运动，它强调对人的价值、尊严、人格、终极追求的关注。

科学追求的是真，给人以理性，科学使人理智；艺术追求的是美，给人以感性，艺术让人富有激情；人文追求的是善，给人以悟性，人文中的信仰使人虔诚。人文素养是一种对受教育者人性中自身价值的实现，一种对真善美的精神追求。

教育家赞可夫曾指出：“教学一旦触及学生的情趣和意志，触及学生的精神需要，这种教学方法就能发挥高度有效的作用。”

本书特色如下。

(1) 将软件工程知识置于“人文艺术”中，寓软件工程知识和思想于人文艺术之美的背景下进行讲述，帮助读者深层次地理解软件工程在社会和人的环境下的理论思想精髓，促进学术界与艺术界在思想层面和精神层面的交融。倡导人“软”合一、“为知”与“为人”的融合，追求教育的根本目标是人的完善。

(2) 和读者一起发现、解读、领悟和体会软件之美和生活之美，敞开心扉、提升心境，体悟生活、感悟人生。

本书以独树一帜的清新浪漫的插图形式和充满温暖诗意的气息，带给读者耳目一新的感受，使读者在轻松愉悦的艺术之美的海洋中阅读和学习，旨在揭示软件工程的美与真意，激发软件工作者的工作和生活乐趣，提升心境。

丰子恺先生在《我与弘一法师》一文中写道“我以为人的生活，可以分作三层：一是物质生活，二是精神生活，三是灵魂生活。”大千世界，体悟在心。对同一种事物，“忧者见之而忧，喜者见之而喜”。美就像一颗种子，它活在每一个人的心中，只要我们用善良、美好、欢喜的心灵之眼来欣赏这个世界，这颗种子便会开花结果，香溢天下。

本书很荣幸地使用了艺术家申伟光先生的书法、国画和油画作品，版权归申伟光先生所有，经本人授权使用，在此不胜感激！

另外，本书附有申思先生、靳思维女士的油画作品和申艳光教授、张柏洲先生的摄影作品，靳思维女士和张柏洲先生也参与了本书的编写工作，封面设计由作者在艺术家申伟光先生的油画作品基础上完成。由于作者的水平有限及时间仓促，书中难免存在不足之处，恳请读者批评和指正，以使其更臻完善！

愿本书能够像一棵朝气蓬勃、绿意盎然的小树，将生命的气息通过无限延伸的枝条传送给人生旅途中的人们！

愿你和我们一起：

发现生活的美好，
感悟宇宙的美妙，
体验生命的绽放，
觉照幸福的未来！

作　者
2018年1月

目　录

第1章　软件中的思维

我们所使用的工具影响着我们的思维方式和思维习惯，从而也将深刻地影响着我们的思维能力。

——Edsger Dijkstra，著名计算机科学家、
1972年图灵奖得主

人类的一切决策、谋略、见解、科学发明和技术成就，都是人类按照一定的方法进行思维的结果。思维是人所特有的一种属性，也是由疑问引发并以问题解决为终点的一种思想活动。

1.1 计算思维对于软件开发的启示

2006年3月，美国卡内基·梅隆大学计算机系主任周以真（Jeannette M. Wing）教授在美国计算机权威杂志 *Communication of the ACM* 上发表并定义了计算思维（Computational Thinking）。她认为：计算思维是运用计算机科学的基础概念进行问题求解、系统设计，以及人类行为理解等的涵盖计算机科学领域的一系列思维活动。她指出，计算思维是每个人的基本技能，而不仅仅属于计算机科学家。

计算思维综合了数学思维（求解问题的方法）、工程思维（设计、评价大型复杂系统）和科学思维（理解可计算性、智能、心理和人类行为）。掌握计算思维有助于软件工作者更深入地理解软件开发的方法和思想。

计算思维的本质是抽象（Abstraction）和自动化（Automation）。抽象指的是将待解决的问题用特定的符号语言标识并使其形式化，从而达到机械执行的目的（即自动化），算法就是抽象的具体体现；自动化就是自动执行的过程，它要求被自动执行的对象一定是抽象的、形式化的，只有抽象的、形式化的对象经过计算后才能被自动执行。由此可见，抽象与自动化是相互影响、彼此共生的。

1. 抽象

在使用计算机进行现实世界问题求解时，我们需要利用抽象思维产生各种各样的系统模型。

抽象思维是对同类事物抽取其共同点，从个别现象中把握一般本质的认知过程和思维方法，具有科学抽象的一般过程和方法：分离→提纯→区分→命名→约简。“分离”即暂时不考虑研究对象与其他对象的总体联系，“提纯”是将研究对象观察隔离出来，提取出各种对象的现象和差异中的共性部分，然后通过“区分”即是对研究对象的要素进行分别，再对其“命名”，并通过“约简”，排除非本质要素，以简略的形式（如模型）表达要素及其之间的关系，最终形成“抽象化”结果。

2. 自动化

在冯·诺依曼的计算机体系理论中，体现了自动化思想，即计算机可以自动运行预先设计好的程序。另外，自动化还体现为自动控制，即基于控制论的思想，按照规定程序进行自动操作或控制。

1.2 软件是人类思维的直接产物

软件是人类思维的直接产物。软件分为有形和无形两个部分：有形部分是指软件的各种具体表现形式，包括程序代码、用户界面、软件文档等；无形部分是指软件折射出的软件开发者和使用者的指导思想、世界观、思维方式、情感、文化素养、审美情趣等人文因素。因此，软件是人软合一的，对于软件工作者，注重提高自身的思维深度、拓宽自身的思维宽度非常重要。

1.2.1 全局思维和统筹思维

《大涅槃经》卷三十二："譬如有王告一大臣。汝牵一象以示盲者。尔时大臣受王敕已。多集众盲以象示之。时彼众盲各以手触。大臣即还而白王言。臣已示竟。尔时大王。即唤众盲各各问言。汝见象耶。众盲各言。我已得见。王言。象为何类。其触牙者即言象形如芦菔根。其触耳者言象如箕。其触头者言象如石。其触鼻者言象如杵。其触脚者言象如木臼。其触脊者言象如床。其触腹者言象如瓮。其触尾者言象如绳。善男子。如彼众盲不说象体亦非不说。若是众相悉非象者。离是之外更无别象。善男子。王喻如来正遍知也。臣喻方等大涅槃经。象喻佛性。盲喻一切无明众生。"

这个"盲人摸象"的故事告诉我们人类的思维是有局限性的，应避免以点代面、以偏概全，应从多角度、多方面考虑问题，从全局来考虑问题。我们写一个软件，需要搭架构；写一段程序，需要有一个大体框架。这都需要具备全局思维和统筹思维。而且软件工程管理中不仅要有全局意识，还应分清工作先后次序。大家熟知的田忌赛马就是一个全局思维的经典案例。

1.2.2 复用思维

软件复用思维的思想是以已有工作为基础，将已有软件的分析、设计、编码、测试等软件成分应用于新软件的设计与建造，包括项目计划、可行性报告、需求定义、分析模型、设计模型、详细说明、源程序、测试用例、类库和构架库等。可以被复用的软件成分称为可复用构件，通过对可复用构件的再使用，可以减少重复劳动，缩减开发和维护费用，提高软件开发效率。

1.2.3 分治思维

俗语说：大事化小，小事化了。软件是复杂的，常常看起来千头万绪没有思路，这时需要分治思维，将复杂的问题拆解成一个个简单的问题，再各个击破。

分治，即“分而治之”，是把一个复杂的大规模的问题分成多个较小规模的子问题，最后将子问题的解合并即可得到原问题的解。

程序设计时，分治思维法类似于数学归纳法，即一定要先找到最小规模问题的求解方法，然后考虑随着问题规模增大时的求解方法，找到求解的递归函数式，最后设计递归程序即可。

1.2.4 算法思维

算法思维是计算机解决问题的重要手段，是计算机科学鲜明的特征之一。我们编写程序就是思维变算法、算法变代码的过程。

2016 年 3 月，谷歌公司的 AlphaGo 以 4∶1 战胜李世石，标志着此次人机围棋大战，最终以机器的完胜告终。AlphaGo 的胜利，是深度学习的胜利，是算法的胜利。随着信息爆炸式飞快增长，越来越多的挑战需要靠卓越的算法来解决。在很多领域，算法所产生的性能改进已经超过了硬件所带来的性能提升，例如语音识别、神经语言处理和物流领域。我们这个世界，正是建立在算法之上，算法正在创造一个抽象的新时代。如果我们想更好地理解和掌控未来，必须更好地掌握算法思维。

对于软件工作者，算法永远是“内功”。

1.2.5 逻辑思维

逻辑思维，又称抽象思维，是通过分析、综合、抽象、概括等方法的协调运用，揭露事物本质与规律的认识过程。它是认知因果关系的思维方式。

程序设计是以逻辑思维为基础的，程序代码的编写可以说是逻辑语句的组织。程序员需具备严密的逻辑思维能力，这是进行纷繁杂乱的需求分析必备的条件。一般地，一个人思维层次越高，他同时可控的思维维度就越广，在分析和解决复杂问题时自然就灵活机敏，智慧超群。

1.2.6 创新思维

爱因斯坦有句名言：“A person who never made a mistake never tried anything new.”（一个从不犯错误的人，一定从来没有尝试过任何新鲜事物。）

哥伦布发现美洲时，许多人认为他运气好。有一次，在一个盛大的宴会上，一位贵族向他发难道：“哥伦布先生，我们都知道，美洲就在那儿，你不过是凑巧先上去了而已！如果是我们去也会发现的。”这时，哥伦布拿起桌上一个鸡蛋说：“请问你们谁能把这个鸡蛋立在桌子上？”大家跃跃欲试，却一个个败下阵来。哥伦布微微一笑，拿起鸡蛋，在桌上轻轻一磕，就把鸡蛋立在那儿。哥伦布随后说：“是的，就这么简单。发现美洲确实不难，就像立起这个鸡蛋一样容易。但是，诸位，在我没有立起它之前，你们谁又做到了呢？”

很多时候，人们会说，“这也算是创新吗？原来我也知道啊！”创新就这么简单，关键在于我们敢不敢突破定式思维，从一个新的角度去看问题，并且肯不肯大胆去尝试。

1.2.7 情感化思维

人们对产品的情感需求越来越高，所以当代设计的发展趋势必然是需要把人类的情感需求充分融入设计之中。情感理念与软件设计的融合，既能将设计者置身于一个更美好和感性的设计世界，也能为使用者创造出一种美好愉悦的、温暖惬意的诗意情境，增加设计价值。设计是需要情感的，情感化思维对于软件设计者意义重大。

1.2.8 艺术思维

为什么苏步青会写诗，李四光能作曲？为什么爱因斯坦拉得一手好提琴？科学和艺术都是人类精神领域里的创造性思维活动，这就是学科间交融的必要性。

科学和艺术是永远连在一起的，科学思维与艺术思维能够互相影响、互相渗透、互相促进。正如著名的科学家钱学森所说："这些艺术里所包含的诗情画意和对人生的深刻的理解，丰富了人们对世界的认识，学会了艺术的广阔思维方法。或者说，正因为受到这些艺术方面的熏陶，所以才能够避免死心眼，避免机械唯物论，想问题能够更宽一点、活一点"。

钱学森常说，他在科学上的成就，得益于小时候的艺术素质培养，因为人的全面素质的培养能够拓宽思维宽度。钱学森在美国加州理工学院除了参加美国物理学会、美国航空学会和美国力学学会之外，还参加了美国艺术与科学协会。钱学森说："科学家不是工匠，科学家的知识结构中应该有艺术，因为科学里面有美学。"

诺贝尔物理学奖获得者李政道教授曾主编出版了大型画册《科学与艺术》，积极倡导"科学要与艺术相结合。"

我们每一个人都在过往的种种机缘里，由于某些错误的人生观与价值观，形成了种种的心智模式障碍，这些障碍禁锢了我们，让我们迷失了自性，成为一个不豁达、不自在、不快乐的人。如果我们能够通过进德修业，构筑欢喜、善良、美好的内在心智模式，那么我们就会在软件活动中展现出美好的心境，并通过设计语言传递出去，我们的设计就会给用户带来更多的关照、尊重和愉悦。

1.2.9 灵性思维

灵性思维是指一种具有启发性、创造性和生命力的思维，是一种"觉悟""觉照”“心里透亮明白”的感觉，是属于智慧层面上的一种对事物的认识。灵性思维区别于聪明与知识，是超越主观思想与世俗经验的一种心灵感悟与体验，是一种“思维之外的思维”。

人们一直都生活在自己的各种“知见”当中，而人的种种“知见”和“观念”的形成，大都来自人对万事万物（包括人、事、物）不断发现与认识所总结出的“经验”的认同、肯定与执着。

正因这种“执着”，我们这些“知见”和“观念”在帮助我们认识自己与世界的同时，也在不知不觉中极大程度地限制了我们的心灵与思想。久而久之，束缚了我们的创造力，使我们的思维单一化、单向化、机械化和程序化。

《庄子》中有这样一个故事：

有一天，惠子找到庄子说：“魏王给了我一颗大葫芦籽儿，结果长出一个有五石之大的大葫芦来。因为这葫芦太大了，所以它什么用都没有。我要是把它一劈两半，把它当个瓢盛水的话，那个葫芦皮又太薄，盛上水一端就碎了，用它去盛什么东西都不行。想想葫芦能干什么用呢？不就是为了最后劈开当瓢来盛东西吗？什么都干不了。葫芦虽大，却没有作用，我把它打碎算了。”

庄子听完就给他讲了一个故事：“宋国一户人家有一个不会皴手的秘方，这户人家世世代代依靠这个秘方以漂洗为生。后来这个秘方被一个商人重金买去献给吴王，吴王就让此人在寒冬带兵出征，水战于越国，并取得了胜利，这个人也被吴王裂土封侯。”

庄子讲完告诉惠子：“有五石之瓠，何不虑以为大樽而浮乎江湖，而忧其瓠落无所容？”意思是这五石的大葫芦也是一样，你为什么就非得认为它只能剖开当瓢？难道就不能把它系在身上浮游于江湖之上吗？难道一个东西，必须加工成某一种规定的东西才有用吗？

另一个故事是发生在非洲某国的真实事情，六名矿工在深井下采煤时，突发事故，矿井坍塌，出口被堵住，导致矿工们与外界隔绝。凭借经验，他们知道自己面临最大的问题是缺氧，井下空气最多能让他们生存三个小时。其中只有一位矿工戴有手表，大家决定由戴表的人每隔半个小时向大家通报一次时间。第一个半小时过去了，这名矿工虽然轻描淡写地给大家通报了一下，但是他内心却是异常的紧张和焦虑，因为这是在向大家通报死亡的临近。第二个半小时到了，他突然灵机一动，决定不让大家死得那么痛苦，他没有按时通报，直到又过了十五分钟后他才告诉大家过了一个小时。就这样，又过了一个小时，他第三次告诉大家时，同伴们都以为时间只过了 90 分钟，只有他知道 135 分钟已经过去了。慢慢大家因为缺氧，意识都逐渐模糊了。在事故发生四个半小时后，救援人员找到了他们，令他们感到惊异的是，六人中竟有五人还活着，只有一人窒息而死——他就是那个戴表的矿工。

通过这两个故事的启发，我们感悟到，第一，我们现有的主观思维与认识不一定都是正确的，即便是正确的，也不过是一部分而已，还存在着很大的局限性，这种局限性严重地禁锢着我们。就如矿工自己认定最多只能活三个小时，那就只能活三个小时。第二，对宇宙万物的认识是无止境的，存在着无限的可能性。而这种认识的高度取决于以人自身境界为基础的心灵“感悟”或“体悟”，是一种自上而下的“觉照”，而不是以“认识对象”为中心的研究与分析。正如庄子与惠子对于葫芦的不同认识。

综上所述，这种灵性思维对于我们来讲，无论人生还是事业，无疑有着积极正面的意义，软件工作者更应加强这方面的意识与锻炼，从而不断地扩展思维，开发智慧，提升境界，使我们不至于陷入狭隘的越走越窄的“绝境”，从而获得一个完整、不对立的健康人格和一个慈悲智慧的心灵，最终拥有一个吉祥幸福的人生。

附图 1.1　张柏洲摄影作品《畅想》

附图 1.2　张柏洲摄影作品《花之语》

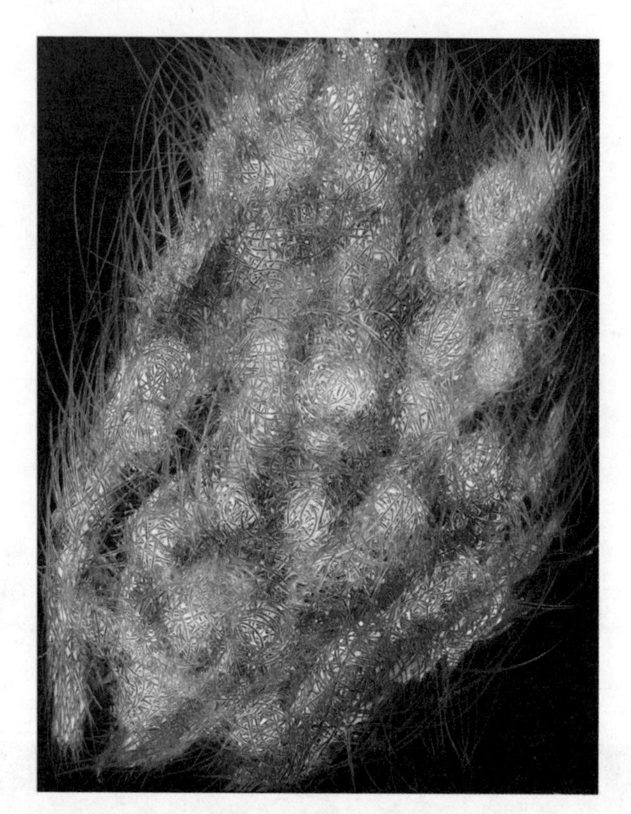

附图 1.3　申伟光油画作品

第2章　软件需求获取与分析

智者解决问题，天才预防问题。

——爱因斯坦

开发软件系统最为困难的部分是准确说明“做什么”，即需求工程。需求工程活动主要包括需求获取、需求分析、需求规格说明和需求验证，其中需求获取与分析是最关键的一步。

2.1 涉众分析

需求工程最困难的工作是编写出详细需求分析文档，包括面向用户、面向机器和其他软件系统的接口。如果前期需求分析不透彻或出现错误，将会给系统带来极大损害，甚至后患无穷，对其修改也是杯水车薪，最终导致项目失败。

需求工程任务的复杂性主要体现在以下方面。

(1) 处理范围广泛

需求工程既要描述物理的实体，又要反映人类活动的特点，处理范围广泛。

(2) 涉及诸多参与方

需求获取过程中往往涉及诸多参与方，包括客户、用户、领域专家、IT 工作者等，他们有着不同的背景、关注点和表达方式等。

(3) 处理内容多样

需求工程的处理内容既有来自用户的功能需求和非功能需求，又有软件将来所处的环境和约束方面的需求。

(4) 处理结果要求严格

需求规格说明书要满足正确性、完整性和一致性等严格的要求，以免为后续软件开发活动留下后患。

(5) 目标和功能随着时间演化变动

计算机要解决的现实世界问题是随着时间不断变化的，因此需求工程需要妥善处理目标和功能随着时间演化的变动情况。

需求获取是从人、文档或环境中获取需求的过程，主要包括问题和目标定义、涉众分析和执行需求获取三个方面的活动。

我们的软件应该坚持用户至上，体现对他们的人文关怀。需求获取过程中，用户是主体，面对广泛的涉众，我们如何判断和选择需求获取的关键用户，并且能更好地理解用户需求呢？这就需要进行涉众分析。

2.1.1 涉众类型与特征——以人为本

首先得认识到不同涉众的类型与特征，才能更好地相互理解、沟通与交流。涉众类型与特征包括以下三个方面。

1. 个人特征

个人特征包括年龄、性别、学历、职业、职务；生活方式、个性、对新技术的态度；技能；身体能力及限制，如色盲、左撇子等。对于左撇子用户，应考虑提供方便的鼠标左右键的切换功能；对于色盲用户，应考虑采用不同的亮度代替颜色变化来辅助用户识别颜色。

2. 工作特征

工作特征包括用户使用模式及用户群体能力(利用程度、使用频率、用户思维能力等)、技能和经验(初学型、熟练型或专家型)。

针对初学型用户，应尽量提供完善的帮助和向导，帮助他们一步步地按照提示，逐渐熟练软件；对于熟练型用户，则只需在关键操作和易出错处进行提示和确认，以提高工作效率；对于专家型用户，软件可以提供一定的编程功能，以帮助其扩展软件功能。

3. 地理和社会特征

地理和社会特征包括用户的国家和区域、文化背景和社会关系等。

2.1.2 换位思考，慈悲为怀

在实际工作中，常常出现需求获取的困难。

1. 用户和需求分析人员之间交流的困难

因为涉众的不同类型与特征，造成知识理解的困难，用户说不清楚需求、分析人员理解有误。这就需要分析人员尽量多地去了解应用背景，理解业务流程，尽早地建构一个能和用户有效沟通的知识框架。

不同用户的计算机技能和经验、对需求的理解、表达水平、表达方式各不相同。有的客户不清楚具体的需求；有的用户心里清楚，但却表达不清或不知道怎么表达；有的用户具备一定的软件开发知识，能够清楚表达需求。

作为系统分析师，要学会引导用户清楚且完整地表达真实的需求，比如，可以由分析师先依据经验给出常规的需求，再由用户删除不需要的需求，最终确定用户真正的需求。一个有经验的分析师，能从用户的只言片语中挖掘出用户需求，并进一步提出自己的观点进行需求分析拓展。

因此，如果用户和需求分析人员之间存在交流困难，系统分析师可采用多次交流沟通的方式，例如第一次只是初步了解需求，然后将初步的需求进行分析和筛选，分析出哪些是合理需求，哪些是不合理的需求，以及哪些是需要进一步明确的需求。经过筛选和细化后，第二次交流可提供 PPT 或 Word 文档，与用户进行进一步的深入交流。如果交流顺利，第三次交流可通过建立快速原型得到精确的需求。整个需求分析过程也可以使用不断迭代的方式，直到获得完整和精确的需求为止。

此外，作为一名分析师，除了技能、经验和性格外，分析师与用户沟通的内容和风格不同，也会产生明显不同的结果。

(1) 沟通的内容

即使我们与用户沟通的是同一件事情，但我们需要针对不同的用户准备不同的沟通内容。这里需要发挥同理性和换位思考的能力。Paul Graham 曾在其《黑客与画家》一书中写道：“判断一个程序员是否具备换位思考的能力有一个好方法，那就是看他怎样向没有技术背景的人解释技术问题。”

换位思考是一种常用的沟通技巧。将心比心、设身处地地站在对方的立场考虑问题，是相互理解不可或缺的心理机制。通过换位思考，设身处地地去理解别人，会给对方带来好感，对方会感受到自己被尊重，从而愿意与你进行更多的沟通与交流，这种现象称为“换位思考定律”。

“蹲下身来看看孩子的世界”，这也是一种典型的换位思考方式。就像汽车大王福特所说：“假如有什么成功的秘密的话，就是要学会换位思考，了解别人的态度和观点。因为这样不仅能更好地与对方进行沟通，而且可以更清楚地了解对方的思维轨迹，从而有的放矢、击中要害。”

孔子在《论语·学而》中说：“不患人之不己知，患不知人也。”意思是不要担心别人不了解自己，只要担心自己不了解别人。换位思考能够通过角色互换，对照内在的自己，发现自己的不足之处，进而进行自我完善。

因此，换位思考是一种豁达、一种理解、一种尊重，也是一种激励，更是一种智慧。

(2) 沟通的风格

我们的眼神、姿态、行为、语气、语调，都在传递着各种不同的信息，可以产生不同的气场。语言也需要精心设计，不要用太过于耿直的方式，强硬地向用户灌输你的理念，要灵活变通，润物细无声。

佛教有一个名词叫“爱语”，意指慈爱的语言、态度与表情。把内心想要表达的关怀、体贴和勉励，透过语言、表情或手势等肢体行为表现出来，像点头、微笑等动作，都可以算是爱语。

只要你心里慈悲、柔软，你所表现出来的任何一个动作、表情，哪怕只是一句话，都会让人感到非常温暖。

这，就是爱语的力量！

真正的爱，是放下自己，一心一意为对方设想，真诚赞美、体谅对方。爱语是佛教的“四摄法”之一。“四摄法”即指四种摄化众生的方法——布施、爱语、利行、同事。例如，和老人家相处，要放缓步伐，就好像我们也是步履蹒跚的老人一样，这样他就会觉得很温馨。另外，我们要用对方听得懂的语言来进行沟通和交流，而且在态度上，必须是关怀的、慈悲的。要做到这样，必须是真诚为他人设想，把自己的利害得失放下，处处为对方着想，了解对方需要的是什么，让别人觉得你跟他很亲近，这样才是爱语的表现。

2. 有些潜在的需求因为用户认为不值得提出而被忽略

用户毕竟没有开发经验，有些需求因为用户认为不值得提出而常常被忽略，但当用户看到原型或完整系统时，会突然想到一些潜在需求。

为了避免此种情况对项目造成破坏性影响，建议对于一些大的功能模块，分析员一定要建立快速原型让客户进行精确的需求确认，并在合同中对于“做什么”和“不做什么”一定要清晰详尽地表达，并着重注意发现和挖掘用户潜在的需求。

3. 用户需求自身经常变动

《金刚经》云：“一切有为法，如梦幻泡影，如露亦如电，应作如是观。”这是《金刚经》对于“无常”的描述。

世间的一切只有变化是绝对的，所以软件系统的需求不断变化也是可以理解的。

(1) 采取预防措施

分析师在进行需求分析时，需要尽可能地分析清楚哪些是稳定的需求，哪些是易变的需求，以便在进行系统设计时，将软件的核心建筑在稳定的需求上。

(2) 对于“无常”的需求，反求诸其身

既然软件系统的需求是不断变化的，所以面对“无常”的需求，我们能不能停止自己的抱怨情绪，减少对别人的指责呢？

《中庸》中讲到：“正己而不求于人则无怨。上不怨天，下不尤人。”子曰：“射有似乎君子，失诸正鹄，反求诸其身。”

端正自己而不苛求别人，这样就不会有什么抱怨了。上不抱怨天，下不抱怨人。孔子说：“君子立身处世就像射箭一样，射不中，不怪靶子不正，只怪自己箭术不行。”

儒家哲学注重人的自身修养，倡导凡事要反求诸己。这本身也体现了慈悲精神。在大乘佛教中，佛、菩萨以追求慈悲及智慧为最高目标。慈指的是用爱护心给予众生以安乐；悲指的是用怜悯心解除众生的痛苦。

《菜根谭》中讲到：“反己者，触事皆成药石；尤人者，动念即是戈矛。一以辟众善之路，一以浚诸恶之源，相去霄壤矣。”

反省自己，任何事情都可能成为使自己警醒的良药；怨天尤人，心中的念头都会像戈矛一样伤害自己。一个是通向各种善行的途径，一个是形成恶行的源头，两者有天壤之别。

古今中外，无论是谦谦君子还是江湖勇士，无论是绅士风度还是骑士精神，都是讲慈悲仁义。《三国演义》中，关羽率领精兵在华容道截住了溃败而逃的曹操，他想起自己落魄时被曹操收留、以礼相待的往事，慈悲之心驱使他让出通道放走了曹操。事后，他敢做敢当，回营负荆请罪。结果，仁厚的诸葛亮也以仁慈之心原谅了他。

4. 用户消极参与或越俎代庖

软件系统的目标是提高用户的工作效率、降低工作强度，但由于用户需要适应新系统的新操作和使用方式，所以不可避免地给用户带来了麻烦。有的用户担心新的软件系统使用麻烦等种种原因，造成情绪消极，不愿积极参与，尤其对于那些已经熟悉旧系统的年龄偏大的用户，他们在新旧系统更替的时期，可能因为担心出现问题而产生消极抵触情绪。还有的用户固执地要求某些功能，这需要分析人员换位思考，在充分理解用户的基础上，善意地沟通，赢得用户理解，缓解其内心的抵触情绪，让他们真正体会到软件系统带来的益处；同时注重对用户的跟踪培训，及时帮助用户渡过难关，尽可能地减少实施过程中给用户带来的不便。

5. 多个相关方需求相互冲突，需求有二义性

如果有的需求牵涉客户不同部门或不同受众，就有可能出现不一致意见，造成客户内部需求冲突。

对于这种情况，需求工程师的处理方法一般是：或者请客户最高领导层决定需求，或者采用折中方案，使多方达成共识。一定要注意需求说明不能有二义性，更不能前后矛盾。

如何说服你的用户接受你的意见是每个IT工程师的必修课。沟通永远是解决问题的撒手锏，不仅仅是艺术。

6. 需求方的期望值设置不合理

常常遇到的情况是需求方对项目进度的期望值设置不合理。例如，一个项

目需要 5 个人 6 个月完成，而客户的期望值是 4 个月，也许客户还会觉得把人数加到 10 个就可以提前到 3 个月完成。这时需求分析人员可以通过对任务的分解细化，让客户明白工作量和进度管理的细节，获得客户的理解；也可以采用一些折中的方式，例如先用 3 个月时间完成部分功能，其他功能放在后面的版本升级。总之要尽可能将对方的预期设置在合理的范围内。

需求分析人员需要意识到期望值的存在，了解期望值管理，这样就能更好地解决问题，而不会被不合理的期望值所制约。

2.2 需求获取常用方法

软件需求获取方法常见的有以下几种。

1. 面谈

面谈需事先考虑选择哪些用户作为面谈对象，以及面谈时提出哪些代表性的问题。应该尽量让面谈对象涵盖包括所有可能与系统相关的涉众，并具有代表性。一般包括谁购买系统？谁使用系统？谁会受到系统结果的影响？谁来监管该系统？谁来维护系统？

2. 问卷调查

调查问卷的问题设计应注意具有一定的引导性和启发性，引导用户表达出尽可能完善的需求。

3. 集体获取

常见的有专题讨论会、头脑风暴（自由讨论）、联合应用开发、联合需求规划等。

4. 情景串联

常见的方法有原型法、使用 PPT 描述产品情景等。

5. 参与、观察业务流程

为防止用户描述的业务流程遗漏掉重要的信息，需求分析人员可申请参与到用户的具体工作中，观察、体验业务操作过程，并可根据实际情况提问并详细记录，记录业务操作员操作过程和困难。

6. 模型驱动

常见的有面向目标的方法、基于场景的方法和基于用例的方法。

7. 现有产品的描述文档

现有产品的描述文档对于需求分析人员非常重要，既有利于了解当前系统情况，也可以从中了解业务流程。

2.3 需求分析中关注全局的意识

需求获取后，下一步的工作是需求分析，其主要任务是通过建模来整合各种信息，达成开发者和用户对需求信息的共同理解，并创建软件系统的解决方案。

一些需求工程师不关注用户需求的完整性，习惯沉浸在一些细节上，例如讨论用户界面布局的细节等。这样导致失去对全局的认识，因小失大，就有可能对需求形成错误的理解，忘记了初心——帮助用户解决工作中的问题。应该把重心放在确定软件功能上面，这是作为需求工程师最重要的能力。

一个盲人到亲戚家做客，天黑后，他的亲戚好心为他点了个灯笼，说："天晚了，路黑，你打个灯笼回家吧！"盲人火冒三丈地说："你明明知道我是瞎子，还给我打个灯笼照路，不是嘲笑我吗？"他的亲戚说："你犯了局限思考的错误了。你打着灯笼，别人可以看到你，就不会把你撞到了。"盲人一想，对呀！

这个故事告诫我们，局限思考与整体思考的区别就在于是否把自己放到整个环境中去系统地考虑和思考问题，同样也体现了慈悲为怀的思想。正所谓"一念慈祥，可以酝酿两间和气"。（《菜根谭》）

附图 2.1　申艳光摄影作品《大千世界 体悟在心》

附图 2.2　申伟光书法作品

‖第3章　软件用户界面设计‖

在计算机领域，美比其他任何领域都更重要，因为软件太复杂了。美是抵御复杂性的终极防御。

——David Gelernter，美国艺术家、作家、耶鲁大学计算机科学系教授

软件用户界面是软件中面向操作者而专门设计的用于操作使用及反馈信息的窗口，是软件使用的第一印象。界面设计是软件设计的重要组成部分，是对软件的人机交互、操作逻辑、界面美观的整体设计。优秀的软件界面设计易用性强，用户体验愉悦。

3.1 软件设计= 工程设计+ 艺术设计

一方面软件设计要从工程师的角度出发,使用系统化方法构建软件的内部结构,进行折中的设计决策,生产对用户有用的软件产品。工程设计主要使用理性、逻辑分析和科学化知识,软件设计工程师关注的是软件产品的效用和坚固性。

另一方面软件设计也要从艺术美感出发,强调设计所带来的愉悦和所要传达的意境。艺术设计依赖于设计师的直觉、感性等因素。

软件用户界面是用户与计算机对话的窗口,而将计算机用户界面的信息交流功能转换成一款与用户可以"与之对话"的人性化构造并不容易,这其中不仅仅涉及计算机科学、人机工程学,还会涉及美学、心理学、语言学、社会学和艺术设计等诸多领域。

《数学之美》作者吴军说:"完成一件事,做到 50 分靠常识和直觉,做到 90 分要靠科学和技艺,而要做到 90 分以上则要靠艺术。"事实确实如此。

3.2 界面设计的原则

优秀的界面设计不单只是理性的逻辑思维,更要融入丰富感性的情感元素,要让用户感觉愉悦。

3.2.1 易用性

易用性是人机交互设计追求的目标,易用性包括易学性、易记性、高效率、低出错率和主观满意度高。

1. 易学性

软件系统的易学性是指尽量使用户可以在较短时间内学会使用软件来完成需要的任务。

2. 易记性

影响交互式系统易记性的因素如下。

(1) 固定位置

将特定对象放在固定位置有助于帮助用户记忆。

(2) 按逻辑分组

按照逻辑分组也有助于帮助用户记忆。例如,对话框中使用选项卡分组。

(3) 符合惯例

设计中应尽可能使用通用的对象或符号。例如,我们常见的购物车符号。

(4) 使用冗余

使用多个感知通道(视觉、听觉、触觉)对信息进行编码,将有助于加强人们的长期记忆。

3. 高效率

高效率和易学性是存在冲突的,所以必须根据不同类型的软件性质来决定,有些系统需注重易学性,例如 Web 程序(网站、电子商务)、简易触摸屏应用(政务查询系统)等;有些系统需注重效率,例如售票系统、银行柜台业务系统等。

4. 低出错率

设计时,尽量采取一些措施将错误发生频率降到最低,并且能够保证及时恢复正常状态。

5. 主观满意度高

主观满意度是指用户对软件的主观喜爱程度。设计时应重视给用户愉悦或满足的体验。

3.2.2 用户体验

什么是软件产品的灵魂?用户体验是产品的灵魂,用户是产品的最终评判者。被用户认可是一款成功软件的最基本条件！无论对于个人级还是企业级甚至是行业级的产品，其灵魂就是价值和品质。

用户体验是指用户在与系统交互时的感觉，是产品在真实生活中的行为和被用户使用的方式。Twitter 界面设计师对自己这样描述："我不是网页设计师，而是用户体验设计师。"例如，面向少年儿童的网站要考虑是否有趣和引人入胜，是否富有启发性；面向年轻人的网站要考虑是否有时尚感和趣味性，是否有美感和愉悦感。

人类通过感知系统、认知系统和反应系统进行信息处理并做出行动。

（1）感知系统

计算机的输出信息以视觉、听觉和触觉等方式被眼睛、耳朵等感知系统接受后，传输到感知处理器，在感知处理器里这些信号被短暂地存储并被初步理解。

在界面设计时应考虑感知系统的特点。例如，图形界面应尽量减少用户不必要的眼球移动，设计易于浏览的格式和布局等。

（2）认知系统

人类的认识过程是由思维处理器与记忆器的协调工作完成的。简洁明了且极具创造性的个性设计能够给用户留下很深的印象和记忆，有利于提升用户对于信息提取的效率。

（3）反应系统

良好的设计应尽量减少用户反应系统的负荷。例如，减少鼠标和键盘间的过多切换等。

1. 以用户为中心

用户体验概念的内涵之一是"以用户为中心"，以用户为中心的设计（User Centered Design，UCD）是在设计过程中以用户体验为设计决策中心，强调用户优先的设计模式。"你不是用户"是 UCD 设计师经常念诵的真言。

用户体验的宗旨是满足用户需求并方便用户使用。因此对用户的研究和用户需求的分析成为设计流程中的重要部分。

(1) 分析用户的类型

用户类型一般分为初学型、熟练型和专家型。在设计界面时，应当考虑每种类型的优点和限制。

(2) 考虑用户生理、心理、个人背景和使用环境等因素

用户体验除了受到一般人类信息识别系统特性的影响外，还会受到生理、心理、个人背景和使用环境的影响。

① 生理因素。

生理因素包括用户的年龄、性别、体能、生理障碍等。例如，对于左撇子用户，应考虑提供鼠标左右键的切换功能；对于老年用户，考虑尽量使用大字体和高对比度，并尽量使用直接操控方式，如触摸屏和手写识别等。

② 心理因素。

设计时，尽可能全面周到地考虑到不同用户的体验，以免给用户造成情绪上的影响。因为浓厚的兴趣、愿望和积极向上的主动态度是完成任务的重要心理基础。

③ 个人背景。

个人背景包括教育背景、计算机知识储备程度等。

④ 使用环境。

使用环境包括物理环境和社会环境。例如，噪声大的环境中不适合以声音方式输出信息；Logo 设计是否符合民情和风俗习惯等。

2. 人性化的用户体验的设计原则

人性化的体验要遵循用户的认知和操作习惯，需要遵循一定的原则。

(1) ISO9241—210 标准

2010 年 3 月，ISO 大会通过的新一代人机交互设计指导国际标准 ISO9241—210(人机交互系统工程学 210 号子文档《以人为中心交互式系统设计》)，主要强调了以用户为中心的六个主要的原则：

① 设计要基于对用户、任务和环境的清晰了解；

② 用户要参与到设计和开发过程中；

③ 设计要靠以用户为中心的评估来驱动和完善；

④ 设计过程是反复迭代进行的；

⑤ 设计要体现所有的用户体验；

⑥ 设计团队要包括跨学科的技术和背景。

(2) Ben Sneiderman 的“交互设计的 8 条黄金法则”

Ben Sneiderman 于 1998 年提出了“交互设计的 8 条黄金法则”。

① 力求一致性；

② 允许频繁使用快捷键；

③ 提供明确的反馈；

④ 设计对话，告诉用户任务已完成；

⑤ 提供错误预防和简单的纠错功能；

⑥ 应该方便用户取消某个操作：应用软件应具有撤销和恢复的功能，这样可以让用户放心大胆地进行任何操作而不用担心犯下无法挽回的错误；

⑦ 用户应掌握控制权：用户一般都希望自己能够控制系统交互，即可以随时中止或退出系统；

⑧ 减轻用户记忆负担。

(3) Jakob Nielsen 和 Rolf Molich 的启发式可用性原则

Jakob Nielsen 和 Rolf Molich 于 1990 年提出了十条可用性原则。

① 提供显著的系统状态。

系统应该随时让用户知道正在发生什么，即提供反馈的信息，反馈的信息可以以多种形式出现，如文本、图形和声音等。例如，我们经常看到的 HTTP404 错误，一般用户能看懂么？所以一定要给用户提供易理解且明确的反馈。

设计时容易出现的问题如下：

- 缺乏必要的反馈，没有清晰的系统状态；
- 反馈时间短，用户没有足够的时间注意到或理解反馈的内容；
- 反馈没有立即显示；
- 非文字反馈不容易看到，或不容易理解；
- 不必要的反馈，或是反馈使用户慢下来；

• 让用户误解的反馈。

② 系统应符合用户习惯的现实惯例。

设计时容易出现的问题如下：

• 系统使用的词语和概念不符合用户的实际使用习惯；
• 任务流程没有反映用户的实际工作过程；
• 系统的结构不符合用户对真实世界的理解；
• 相关系统功能的组合与用户的理解不同，例如，命令项的组合不符合用户的理解。

③ 让用户能随时退出操作进程。

设计时容易出现的问题如下：

• 在不可逆转的情况出现之前系统没有提供足够的警告；
• 系统没有在适当的时机提供取消功能；
• 系统的取消功能不明显或是很难找到；
• 系统不支持撤销的功能。

④ 保持一致性和标准性。

设计要保持系统内部各部分间的一致性，以及系统与其他系统、传统习惯及标准的一致性。一致性和标准性原则有助于减少用户的学习量和记忆量，方便把局部的使用知识和经验类推到其他场合，进行迁移学习。

例如，在微软公司的 Office、Visual Basic 等诸多产品中，其界面外观、布局、人机交互方式和信息显示格式等设计保持了高度的一致。

设计时容易出现的问题如下：

• 界面元素的外观、布局和分组不一致；
• 界面元素的命名不一致；
• 系统反馈信息的格式不一致；
• 系统提供的操作方法不一致；
• 同一对象的表达含义不一致；
• 设计标准和通用的标准不一致。

⑤ 预防错误的发生。

好的设计能够提供错误预防和简单的纠错功能，提高软件容错性。例如，禁止用户在数值输入域中输入字符；某些条件下某些按钮或菜单项显示灰色（不可用的状态）；删除性的操作让用户再确认一次等。

设计时要注意以下问题：

- 用户能不能学会如何控制用户界面上的对象？
- 输入信息时，有没有告诉用户输入的格式？例如，密码要求由 6 位的数字和字母组成；
- 是否缺少非语言暗示？例如，缺少闪烁的光标来提示用户可以输入；
- 用户界面上不同类型的对象是否太相似？

⑥ 提供上下文识别而不是孤立记忆。

系统应尽量给用户提供可选项，而不是要求用户去记忆命令。设计时容易出现的问题如下：

- 用户不得不记忆复杂的命令；
- 图像或符号难以理解，甚至误导用户；
- 菜单、选择或链接有太多的层次。

⑦ 提供灵活性和快捷性。

为用户提供捷径，例如，快捷键、导航条、各类模板等。容易出现的问题如下：

- 系统缺少自动化，例如，打开一个新窗口时，窗口大小不合适，用户不得不自己改变窗口的大小；
- 系统没有提供应有的默认值；
- 默认值不正确；
- 使用系统需要太多的控制动作；
- 系统没有提供快捷性的操作，例如，系统没有定义必要的功能键和快捷键。

⑧ 美观精练的设计。

美观精练的用户界面设计是吸引用户的关键。容易出现的问题如下：

- 用户界面上的元素设计不适当，不容易识别；
- 界面元素的移动太快、太慢或不容易察觉；
- 声音使人感到被打扰、分心或使人烦恼；
- 界面布局过于拥挤或界面元素的密度分布不均；
- 不相关的元素距离太近，互相干扰或使用不方便；
- 不同的元素太相似；
- 系统状态的变化不明显。

⑨ 帮助用户识别错误，分析和纠正错误。

系统的错误信息应该使用通俗易懂的语言准确地指出错误所在，并提供明确的解决方案。注意不要使用不当的幽默或不礼貌用词，使人不愉快，或使用命令或具有威胁性的口吻等。

⑩ 提供帮助文档和用户手册。

(4) 基于视觉传达设计理论的设计原则

① 统一与变化。

界面布局要能在统一中求变化，变化中又能求得统一性。

② 对称与均衡。

对称的图形具有单纯、简洁的美感和安定感，缺点是容易流于单调和呆板。多个对象可以通过位置、空间、大小、方向、明暗等合理的安排配置，使画面整体感觉安定、紧凑，达到均衡效果。

③ 对比和调和。

利用有差异的元素间的衬托可以产生对比美，起到突出主体，画龙点睛的作用。各元素对象需互相协调而达到统一性及和谐性的调和之美。

④ 比例与尺度。

整体与部分之间、部分与部分之间，利用长短、大小、粗细、明暗、强弱等比例变化和适当的尺度，能够产生优美的秩序结构。常用的有黄金比例、等差数列、等比数列等。

⑤ 节奏与韵律。

当规则变化的形象或色群以一定的比例进行排列组合，往往会产生音乐、诗歌般的节奏韵律感。像大自然界里的贝壳螺纹、花瓣、树叶互生等，都充满了节奏及韵律之美。

3.3 情感化界面设计

比尔·莫格里奇曾阐释：技术不是交互设计的本质，使用者在交互过程中获取的情感体验更为重要。理解用户的情绪和情感，对于创造和再现用户体验是必要的。

马云说："过去的200年是知识、科技的时代，未来100年是智慧、体验、服务的时代。"

情感呵护体验层面是指在用户使用完软件界面后，对使用经历产生的美好回忆、满意度、品牌印象、价值认同感等情感因素。情感化界面设计的终极追求和目标是"使人愉悦"，这是设计情感化的思想价值所在。

3.3.1 情感化界面设计的基础和核心——情感认知心理

认知心理是情感化界面设计的基础和核心。

1. 认知心理学

认知心理学有广义、狭义之分，广义的认知心理学是指所有研究人的认识过程的研究；狭义的认知心理学是指认为人的认知过程是信息的接受、编码、存储、交换、操作、检索、提取和使用的过程。人类不能像计算机一样机械地、长时间地处理信息，人类还有一些特有的特性与能力，例如人的注意能力、易出错性、善变性格和疲劳等，导致了人类在信息处理时的不完美性。

(1) 人的注意能力

人的注意能力是指人的心理活动指向和集中于某种事物的能力。人的注意力的影响因素主要包括：外界信息的刺激、人的精神状态、任务的难度、人的兴趣和动机等。所以，在软件界面设计中，必须考虑应当把用户的注意力引向重要信息和行动上。

(2) 人的失误性

人会发生失误的原因主要包括：注意力不够集中、判断不够准确和动作上的出错等。所以，在设计软件界面中，必须考虑容易造成人失误性的因素，帮助用户将误操作的可能性降到最低。

(3) 人的疲劳

疲劳分肌肉疲劳和心理疲劳两类。在软件界面设计中，应考虑容易引起用户疲劳的因素，将用户的疲劳感降到最低。例如，考虑是否长时间地显示单调的任务，是否长时间没有休息，是否存在太过饱满的空间布局使用户感官超负荷等。

通过对认知心理学的研究，可以更好地了解用户的认知需求。

2. 视觉思维

美国心理学家鲁道夫·阿恩海姆在《视觉思维》一书中提出视觉思维理论。他认为"任何一种思维活动，都能从知觉活动中找到。"视觉思维也称为审美直觉心理学。

视觉思维在设计中的作用如下。

(1) 视觉思维引导信息获取

在复杂的环境中，视觉思维引导人类通过最短路径进行有效信息的选择和获取。如果界面中的信息元素搭配不当，会使用户产生错误的视觉意象，产生视觉思维误导。所以，如果在界面中加入过多的视觉信息元素，信息呈现没有主次，使用户难以对信息进行准确选择，将会导致思维中断。

(2) 视觉思维促使意象的形成

人类通过短暂的视觉记忆，对视觉选择后的有效信息进行信息关联，形成有助于理解信息的意象。例如看到"文房四宝"四个字，我们的脑海中就会呈现毛笔、墨、宣纸、砚台的形象。所以，在软件界面设计中，应注意信息呈现是否清晰；是否有可能导致用户思维上的混乱，难以形成正确的视觉意象。

(3) 视觉思维启发用户联想与想象

人类能够凭借视觉感知和生活经验，对形成的视觉意象进行分析、简化、概括、加工、整理、联想与想象。

3.3.2 情感化设计的层次划分

2005 年唐纳德 · 阿瑟 · 诺曼(Donald Arthur Norman)在《情感化设计》一书中将情感化设计划分为三个层次：本能层、行为层和反思层。本能层调动情感，行为层传递情感，反思层延伸情感。

3.4 本能层的界面设计

本能层是引起用户情感的首要层次，是外观要素和第一印象形成的基础，主要分为视觉、触觉和听觉情感三个方面。设计师在本能层可通过界面的色彩、文字、图片和动态效果等方面来表达界面的情感，传达给用户，为人们带来直觉上的情感效果。

艺术作品需要以情动人，软件也要通过用户界面给用户带来轻松愉悦的感受。界面的构成、色彩等感官体验能够带给用户较为直接的情感体验。

3.4.1 视觉情感

范曾语：“中国画是哲学的，它讲究天人合一；中国画是诗性的，它是心灵的情态自由；中国画是书法的，它浑然天成；中国画是兴奋的，它由灵感所至。上善若水，回归自然。画如其人，自若其人。”意境与气韵生动是我国传统绘画中重要的美学准则。同样，软件界面也是通过视觉元素组合，如文字、造型、色彩、材质等，来向用户传递设计理念和情感。如果设计中能融入用户所渴望的情感，就能从视觉情感方面吸引用户，这个设计也就有了生命。

本能层的设计要表达的情感主要是美，美好的界面设计体现的是软件工作者的心境高度，唤醒的是人们从内到外的美好感觉，是软件工作者与用户之间超时空心灵契合与心灵对话，这是多么美妙的事情！

下面一起来看看常用界面视觉要素分析与设计。

1. 文字

文字在设计要素中最为重要，如现在广泛被使用的Logo，即是一种高度浓缩的、直接的、视觉化的信息表达方式。字与画相融相衬，必将使界面设计更具神韵。

（1）字体

字体的变化也会带来多姿多彩的视觉及心理效果，如草书率真奔放、自在随意，篆书古韵典雅、悠闲自得，隶书轻柔舒畅、缥缈浪漫，楷书端正规矩、沉着稳重，幼圆天真活泼，黑体古板笨重……

对于重要或需要突出的信息，可以通过文字的字体、大小和状态的差异性设计来实现。一般来说，同一个界面中的字体最多三四种。字体过少，给人感觉单调；字体过多，会产生过于丰富的视觉感受，导致心理疲劳。

（2）文字的排版方式

在进行文字的编排设计时，应考虑用户是否易读，是否能够通过文字形态的节奏和韵律给人以美感，从而使界面内容与形式达到高度统一和审美需求。

视觉传达速度受到文字的大小、阅读的方向和习惯、阅读的连续性和兴趣的影响。一般地，视觉运动方向与阅读方向要一致。横排时尽量使用扁字，竖排时尽量使用长字，使文字形态产生韵律和流动感；并遵循视觉层次原理来安排字距、行距与段距，提供适度的空间层次，提升应用界面的视觉感受。

（3）文字的状态

有时，可以将文字设计成在不同用户指令下显示出不同的状态，以及时给用户提供状态反馈信息。

（4）文字的线端造型与文字弧度

不同字体的文字线端造型与文字弧度，如圆角、缺角、直切、切的角度的大小等，会给用户带来不同的感觉，例如，汽车用品、金属配件等对象，一般以直线型来表达；母婴产品、居家产品、软性食品等对象，一般以曲线来表达。

在界面设计中，我们可以把界面中的所有视觉元素以及把视觉元素呈现出来的手段看作是一种符号，然后通过设计师对这些符号进行处理加工，最终达到快速有效地传递出所指事物内涵的目的。同时，我们在设计中运用更多的有象征意义的视觉符号能够产生多重效果，这些符号的运用比单独的文字使用更生动，更具感染力和艺术性。

乔布斯在斯坦福大学毕业典礼的演讲中动情地说：“要是我不学书法，就没有今天的苹果！”乔布斯曾深深迷恋与绘画相通的中国书法，书法帮助他获得灵感，他把书法中的一些美感应用于苹果的产品中。从 2008 年起，苹果公司启动了一项免费教育项目——供应商员工教育与发展计划，该项目有一门课程——“中国书法”。

中国的书法艺术具有近 2000 年的历史，书法代表了韵律和构造最为抽象的原则，使我们体悟到中国人艺术心灵的极微极妙，如图 3.1 所示。中国书法作为中国美学的基础，其蕴含的艺术智慧将滋养并蔓延到中国绘画、摄影、建筑、诗歌和我们的界面设计中！

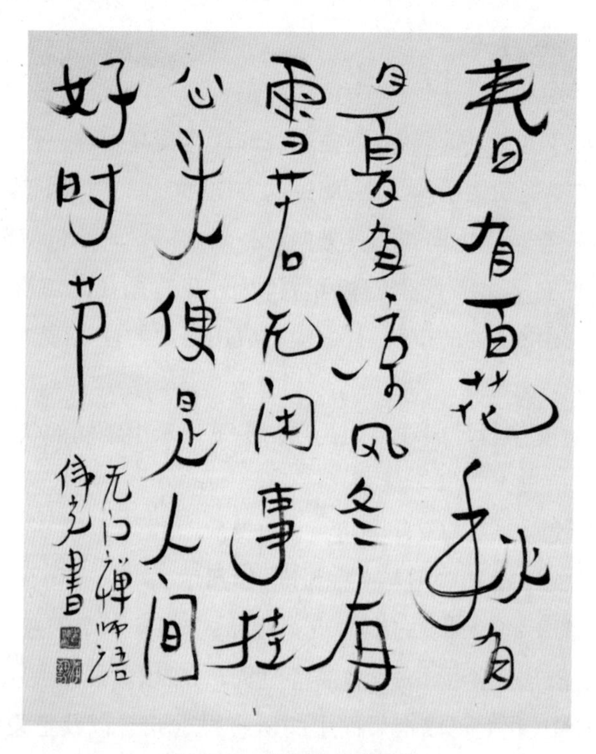

图 3.1　申伟光书法作品

2. 静态与动态图形元素

静态图与动态图在视觉传达方面具有先天的优势，相对于文字来说，具有的视觉冲击力更直观、更强烈。但图形图像元素占用内存相对较大，过多地使用会降低运行速度，影响用户的效率和心情。

(1) 图像

① 想象与联想。

蕴含意境的图像很容易引发我们的想象与联想，调动我们情感上的认同。

② 虚实与影调。

虚实的运用可以获得由近及远的视觉感受，从而产生空间感。影调的纯度变化、对比度变化可以用来突出主体内容，如图 3.2 所示。

图 3.2　申伟光水墨作品《春雨》

③ 位置与大小。

图片位置的不同会给用户带来不同的心理感受。例如,图片放在版面的中心,视觉效果最强。有时我们需要把图片放在四个角落里,用于平衡界面。

大图片吸引力强、感染力高,给人强劲的视觉刺激,带给我们强烈而真实的情感;而小图片往往居于从属地位,相对于大图片显得更加精致,可以起到烘托信息的作用,有助于增强画面的感染力。巧妙地运用图片点缀画面,能够产生图文呼应的美感。

④ 数量。

一个界面中图片的数量影响着用户的学习兴趣。当图片较多时,可以使界面更饱满,从而增强整个界面的活跃性、生动性和层次感,但一定要注意多个图片的层次和主次关系。当图片较少时,我们可以利用少量的图片鲜明直接地展示主题,同时也能起到衬托和点缀画面主题的作用,帮助解释文字,增强艺术感染力。

(2) 图形

在界面设计中,图形的作用有二:一是装饰作用,增加界面美感;二是能够创造具象意义。具象是以人们熟知的事物进行设计,通过艺术造型手法进行再创造,使呈现的图形具有一定的表现意义。例如,用系绳子的袋子表现“充值中心”、用麦克风表现“我要发言”等。

(3) 图标

图标是一种简洁、抽象的图像语言,它通过隐喻来表现某个概念、属性、功能和操作。图标设计要保持含义的一致性,尽量简单明了,让用户能“望图生义”。这与中国传统绘画的造型法则类似,“以形写神,形神兼备”。

① 图标的隐喻形式主要有以下三种。

- 直接隐喻:例如 Word 绘图工具中的图标,直接隐喻了图形绘制操作。
- 工具隐喻:例如箭头代表指向,地球仪代表国际,眼睛代表观察等,都是早已约定俗成、形成共性的视觉语言。
- 过程隐喻:是指通过描述操作的过程来暗示该操作,如 Office 中撤销和恢复图标。

② 三维图标和动态图标。

屏幕是二维的，而人们的生活空间是三维的。所以，在用户界面中恰当地使用三维图标和动态图标，将大大提高界面的吸引力。

(4) 动画

动画生动、形象、富有生命力，能给用户带来更愉悦的使用体验，提升用户感知度、软件的易用性和艺术审美。

① 恰当使用，服从体验。

动画效果设计应符合基本的自然的现实运动规律，以尊重用户操作习惯和体验为先。

② 考虑界面整体的和谐。

动画效果设计也要遵循界面视觉设计的一致性原则，带着全局观对动效的数量、时长、类型分配、风格统一规划和设计。

③ 考虑执行效率。

同图形图像一样，动画占用内存相对较大，过多使用会降低运行速度，影响用户的效率和心情。

3. 布局

界面布局就像美术作品、摄影作品的构图一样，不同的布局可以使同样的视觉元素产生不同的视觉效果。《辞海》中关于“构图”含义是：艺术家为了表现作品的主题思想和美感效果，在一定的空间，安排和处理人、物的关系和位置，把个别或局部的形象组成艺术的整体。

目前Web软件界面和手机应用界面都约定俗成了一些版块布局类型，这方面内容我们省略，这里主要谈设计原则。

(1) 统一与变化，带来节奏与韵律

界面视觉设计的一致性原则要求各元素的组合、色彩的搭配等，要彼此和谐、完整统一。

一味地追求统一会使界面特色不突出，如果又缺乏足够的活力成分去调和，则会使界面显得呆板。

只有寓统一于变化中，把统一和变化结合起来，才能使界面整体呈现变化的灵动气息。界面的变化来源于界面中线条、色彩、形状和位置等，可通过大小对比、明暗对比、色彩对比、方向对比等方法进行调整，对比关系运用得当的话，可获得强烈的视觉效果。通过对比，强调差异、突出特点。

事物本身是具有节奏和韵律形式的，在界面中从元素的大小、色彩、形态上进行统一与对比的综合编排，通过不同的韵律节奏的整合，使其具有高山流水一般的流动感，从而产生自然流畅的视觉感受。

节奏就是轻重缓急，音乐中的节奏韵律，书法中字体的大小参差变化、墨色的虚和实、笔画的粗和细、笔画的长和短、正欹聚散和国画中的墨色浓淡，湿中有干，干中有湿，浓中有淡，淡中有浓，刚柔相济等，这些都是节奏的体现，如图 3.3 所示。

图 3.3 申伟光水墨作品《上学去》

“人之于书，得心应手，千形万状，不过曰中和，曰肥，曰瘦而已。若而书也，修短合度，轻重协衡，阴阳得宜，刚柔互济。”（明·项穆《书法雅言》）平理若衡，各类艺术之间，必有法理相通处。

(2) 视觉习惯与最佳视区

人类视线的自然流程是从左到右、从上到下地搜寻扫描运动与顺时针方向运动，而且在偏离中央位置同样距离的视野范围内，眼睛对各象限的观察效率按照左上、右上、左下、右下的顺序递减。因此界面布局设计时，应考虑人类的视觉习惯与特点，从而提高视觉认读效率和准确度。

人类对于在同一页面不同部分的视觉感受力是有差异的，上半部分区域大于下半部分，左半部分区域大于右半部分，所以页面的左上部分和中上部分区域就成了最佳视区，放置在这个区域的视觉元素在阅读顺序和视觉强度上都具有一定的优势。例如，我们见到新闻网站常常把头条新闻图片放在页面的左上方。

(3) 对称与均衡

美的实质是一种敞开心灵后的智慧觉照，通过静观中生起的智慧，我们了悟到其本质，并解开这些由视觉分辨、感性情感、理性思维以及欲望所产生的种种遮蔽束缚时，心灵就会感受到一种自在平静的喜悦，而这种喜悦的心境使得我们的心灵变得敏锐与祥和。心灵敏锐自然就会发现美，而心灵祥和自然就会平衡万物。这种平衡关系包括了两种基本形式，即对称方式的平衡和均衡方式的平衡。

对称主要有轴对称和点对称两种形式。轴对称给人以平稳、庄重的形式美；点对称以一点为对称中心，不同图形按照一定角度在点的周围旋转配列，形成对称图形。

均衡是通过各部分的大小、数量、间隔上的相互补充，形成一种动态的平衡。视觉平衡和物理平衡原理有许多相似之处，因此如果我们把内容放置在画面的重心位置，整个画面给人感觉就比较平衡。

另外，左右对称（天平原理）可以使画面平衡，将较重的物体放置得离画面中心位置近些，较轻的物体离中心位置远些可以使画面平衡（杠杆原理）。

（4）比例

布局上要注意协调性和分割法则，比例关系的组成不同给人们的感受也不同，如等量分割、黄金分割等。

（5）视错

视觉与客观存在不一致的现象称为视错，它是人类所具有的一种正常的生理现象。在界面设计中可以利用视错来增加形式美感。

① 利用知觉中对象与背景的关系。

在计算机界面中，用户总是有选择地将少数对象从其他对象中突出出来，前者是知觉的对象，后者成为知觉的背景。在知觉中对象与背景是可以转换的。所以，如果想让用户重点感知某知觉对象，可以将对象和背景的差别增大。例如，动态对象与静态背景的搭配。

② 利用理解在知觉中的作用。

对事物的理解是知觉的必要条件，知觉是在过去的知识和经验的基础上产生的，所以对于同一个对象，不同年龄、不同经验的人在知觉上也有差异。因此在设计界面时，要考虑用户的年龄、知识水平、生活经验等因素。

③ 利用知觉的整体性和恒常性。

知觉具有整体性和恒常性。因此，在有限的计算机屏幕上，我们就可以用简单代替复杂，用抽象代替具体，只要所表现的事物在用户的经验范围之内，用户仍会有准确的认知。

（6）隐喻

界面隐喻是指在界面组织和交互方式中，使用现实世界熟悉的事物为蓝本进行比拟。例如，Windows 中的 Desktop 隐喻了人们真实办公的桌面环境。

隐喻也是艺术家常用手段，绘画的隐喻性重在产生多义性，多义性的存在，丰富了作品本身内在的含义，同时其不确定性和多元性使拥有不同审美经验和文化观念的人们都拥有各自不同的阅读与阐释，从而极大地增加了作品的艺术魅力与艺术价值。

绘画的过程是孕育生命的过程，是画家精神、思想的继承与延续，也是艺术家与作品之间的一次“生命转换”。只有艺术家本人通过全身心的投入，将自己的生命能量通过作为媒介的绘画材料灌注于或转换于作品时，才有可能创作出神圣的、具有灵魂的、“活生生”的不朽之作。我们的设计工作何尝不是呢?

这张《凤凰涅槃》的油画(图 3.4)就是一种非常好的隐喻，象征着受难、不屈与超越，让我们似乎听到了贝多芬《命运交响曲》在耳边奏响，它，使我们的心灵为之震动，使我们的灵魂为之颤抖！这是生命燃烧时才会绽放的神圣光芒！

图 3.4　油画中的隐喻：申伟光作品《凤凰涅槃》

(7) 运用留白

“画留三分白，生气自然发”，留白是画意得以延伸和扩展的地方，也是画家思想情感、性格修养得以容寄的地方。空白部分在界面上运用得当，能使画面虚实有度，疏密有间，和谐舒畅，是一种空间智慧的完满表达，如图 3.5 所示。

通过合理搭配，运用留白的手法达到视觉平衡，不仅能扩大视觉效果、利于视线流动，还可以烘托和加强主体内容，给人带来心理上的轻松和愉悦。

给界面“留白”，展现的是一个设计师的智慧与水准，也是对用户的贴心关怀，还是对“以用户为本”这一宗旨的践行。

“月盈则亏，水满则溢”，留白是国画中的精髓，运用留白，给人“此时无声胜有声”的想象空间，非有非无，似有似无，虚实相生，阴阳相济，空中而有妙有，自

图 3.5　水墨画中的留白：申伟光水墨作品《雏鸡》

然皆成妙境。

4. 色彩

色彩由色相、明度、纯度、色调及色性等五项要素构成。色相指色彩的相貌，明度表示色彩所具有的亮度和暗度，纯度（色彩的纯净程度）又称彩度或饱和度，色调指的是画面色彩的总体效果，色性指色彩的冷暖倾向。

（1）配色方案应符合用户的心理特征。

色彩是一种独特的视觉语言，不同色彩体现着不同的情感和性格，带给人们不同的心理感受。例如，旅游类网站一般采用绿色调或蓝色调设计，以营造清爽、开阔的感觉；而电商类软件一般采用暖色调，给人亲切感和兴奋感。

① 色彩的情感。

艺术理论家约翰内斯·伊顿在《色彩艺术》一书中说"在眼睛和头脑里开始的光学、电磁学和化学作业，常常是同心理学领域的作用平行并行的。色彩经验的这种反响可传达到最深处的神经中枢，因而影响到精神和感情体验的主要领域。"可见色彩能够明显地影响用户的情感和心理体验。

• 色彩的冷暖感

凡是带红、橙、黄的色调都带暖感；凡是带蓝、青的色调都带冷感。红色、橙色、黄色常常使人联想到旭日东升和熊熊火焰；蓝青色常常使人联想到大海、晴空、阴影……色彩的冷暖与明度、纯度也有关。高明度的色比低明度的色冷，高纯度的色比低纯度的色冷。无彩色系中白色有冷感，黑色有暖感，灰色属中。

• 色彩的轻重感

色彩的轻重感一般由明度决定。高明度具有轻感，低明度具有重感；白色最轻，黑色最重；低明度基调的配色具有重感，高明度基调的配色具有轻感。

• 色彩的软硬感

色彩软硬感与明度、纯度有关。纯度越高越具有硬感，纯度越低越具有软感；强对比色调具有硬感，弱对比色调具有软感。

• 色彩的强弱感

高纯度色强，低纯度色弱；彩色系比无彩色系强，彩色系以红色为最强；对比度大的具有强感，对比度低的有弱感。

• 色彩的空间感

暖色、浅色、亮色对眼睛成像的作用力强，成像的边缘出现模糊带，因而具有空间膨胀感；相比之下冷色、深色、暗色成像清晰，具有空间收缩感。

另外，不同色彩即使距离相同，也会产生前后距离差异的远近感。远近感对比度最强的色彩关系是补色关系，例如黑色退后，白色抢前。胀缩感与远近感构成了色彩的空间感觉。

- 色彩的明快兴奋感与忧郁沉静感

明度高而鲜艳的色彩具有明快感，深暗而混浊的色彩具有忧郁感；低明度易产生忧郁感，高明度易产生明快感；强对比色调有明快感，弱对比色调具有忧郁感。

暖色系具有兴奋感，冷色系具有沉静感。明度高的色彩具有兴奋感，明度低的色彩具有沉静感。纯度高的色彩具有兴奋感，纯度低的色彩具有沉静感。强对比的色调具有兴奋感，弱对比的色调具有沉静感。

- 色彩的华丽感与朴素感

鲜艳而明亮的色彩具有华丽感，浑浊而深暗的色彩具有朴素感。彩色系具有华丽感，无彩色系具有朴素感。强对比色调具有华丽感，弱对比色调具有朴素感。

② 色彩的抽象联想。

色彩的抽象联想是指某种事物的色彩在心理上产生的情感和象征意义。人们年龄不同、性别不同，对于色彩的抽象联想也会有不同，见表 3.1。

表 3.1　色彩的抽象联想

颜色	年龄和性别							
	青年(男)		青年(女)		老年(男)		老年(女)	
白	清洁	神圣	清楚	纯洁	洁白	纯真	纯白	神秘
红	热情	革命	热情	危险	热烈	卑俗	热烈	幼稚
橙	焦躁	可怜	卑俗	温情	甘美	明朗	欢喜	华美
黄	明快	泼辣	明快	希望	光明	明快	光明	明朗
黄绿	青春	和平	青春	新鲜	新鲜	跃动	新鲜	希望
绿	永恒	新鲜	和平	理想	深远	和平	希望	公平
蓝	无限	理想	永恒	理智	冷淡	薄情	平静	悠久
紫	高尚	古朴	优雅	高贵	古朴	优美	高贵	消极

除此以外，不同生活经历和生活环境、不同地域、不同信仰、不同审美观，色彩的象征意义也有差异。

(2) 颜色协调统一，视觉感受和谐

协调统一、自然和谐的色彩设计会给用户带来身心舒适的感受。软件界面设计中颜色的种类要适中，颜色过多使人感觉界面凌乱、没有重点；颜色过少又使人感觉界面单调。一般来说，同一类型的窗口应使用同一种配色方案。

在进行色彩搭配时，应提前确立好主色、辅助色及点缀色。对于主色的选择，会直接影响整体界面视觉风格的方向。而主色并不一定只能选择一种颜色，还可以选择一种色调，最好选择同色系或者邻近色，这样容易保持和谐的视觉感受。如果可能的话，尽量提供让用户自由选择颜色风格的设计。

下面我们一起来看一幅油画(图 3.6)，每一位画家的笔触都融入了自己的情感，你能感受到这张画带给我们的内在感受吗?

图 3.6　申伟光作品《2005 年作品 9 号》

(3) 遵循易识别原则

通过色彩的搭配体现界面中的层次，使界面立体，并有主有次，从而获得清晰的视觉层次感。

此外，要注意保持色彩的平衡，一般要将强烈的对抗色分开，除非有特殊的用途和意义。

对于色盲、色弱用户，可以通过使用特殊指示符，如“!”“?”着重号和图标等来辅助突出重点内容。

(4) 颜色属性与软件特质相匹配

一般地，彩色比无彩色对眼睛刺激度强，而在同一种彩色中，饱和度高的又比饱和度低的彩色对眼睛的刺激强，此外，不同颜色的视觉感知速度也不一样，其中绿色最快，红色次之，蓝色最慢。所以在表达重要内容时，可以选用彩色饱和度高、感知速度快的颜色。

颜色属性与软件特质的匹配主要体现在色系上，因为不同色系在用户的感官和心理上会产生不同的影响。所以，软件的主色调设计应考虑到行业特征，例如消费类软件以浅色系居多，显得轻松欢快；教育类软件多以暖色系为主，以表现活力和成长；专业型软件多以冷色系为主，给人感觉简洁规范。

3.4.2 触觉情感

触觉有两层含义：一是直接感觉，以材料和材料表面的实际组织构造为基础；二是心理感受，以材料表面组织构造所构成的心理假象为基础。材质的不同、结构的区别、纹理的变化，会使用户有不同的触觉感受，从而产生不同的情感体验。

1. 材质

材质在表现设计的实用功能时，能够带给人们心灵的震撼和情感的联想。一般情况下，质地粗糙的材质给人以朴实、自然、亲切的感觉，质地细腻的材质给人以高贵、华丽、轻松的感觉；传统材质的亲和力要强于新兴材质，自然材质的亲和力要优于人造材质。

我们在界面背景中使用不同材质的背景图片，就会带给用户不同的情感体验。表 3.2 是常用的材质带给人们的情感体验。

表 3.2　材质带来的情感体验

材质	情 感 体 验
木材	自然、粗糙、真实、手工、亲切、温馨、古典、感性、人文、温和
金属	人造、冷漠、坚硬、光滑、理性、拘谨、现代、笨重、凉爽、潮流、前卫
玻璃	高雅、明亮、光滑、干净、整齐、协调、自由、精致、活泼、晶莹
塑料	人造、轻巧、细腻、艳丽、理性、优雅
陶瓷	高雅、明亮、精致、整齐、时髦、凉爽、洁净
皮革	柔软、感性、温暖、浪漫、手工、天然、肌肤感、真实
橡胶	人造、低俗、阴暗、束缚、笨重、呆板
丝绸	轻柔、舒适、高贵、轻巧、细腻、天然
石材	古典、神秘、亲近、自然、亲和、人文、真实、天然
玉石	柔软、感性、温暖、浪漫、润泽、天然、肌肤感

2. 肌理

肌理是指物体表面的组织纹理结构，即各种纵横交错、高低不平、粗糙平滑的纹理变化。在触觉设计中，肌理的处理尤为重要。肌理分为触觉肌理和视觉肌理。触觉肌理是由人们的触觉直接引起的，即所谓的肌理感或质感。视觉肌理指的是人通过长期积累的触觉经验而感知到的肌理感，所以视觉肌理是界面设计的重要设计元素，是界面元素设计之美的重要体现。

表 3.3 是常见肌理带给人们的情感体验。

表 3.3　肌理带来的情感体验

肌理	情 感 体 验
柔软	苍老、温暖、幸福、善良、舒适
坚硬	刚强、冷漠、安全、畏缩
光滑	细腻、放松、舒适、恐惧
粗糙	温馨、温柔、怀旧、朴实、复杂

3.4.3 听觉情感

听觉可以极大地辅助并丰富视觉的信息传递与表述。《礼记》中的《乐记》中写道："凡音之起，由人心生也。人心之动，物使之然也。感于物而动，故形于声。"不同的声音会使人产生不一样的心理感受。好的音乐不是刺激人的神经与欲望，而是净化和抚慰人的心灵，扩展和启发人的心智。磅礴辉煌大气的交响乐会给人一种积极向上的精神力量，而古琴、古筝、马头琴的悠扬婉转与空灵清澈则会带给人安宁的心境与智慧的启示。网站界面的背景音乐设计目的有二：一是选择与界面主题信息相关的或者是在某种意义上有一定关联性的音乐，从而更好地突出、丰富和深化界面主题；二是为浏览者营造一个愉悦的浏览心境。

3.5 行为层的界面设计

在界面设计中，行为层的设计关注点在于用户在使用界面的一连串操作中，是否能有效地完成任务，是否带来一种有趣的操作体验。因此这一层面的主要目标是传递情感。

在这一层面中，软件产品的功能显得尤为重要，当人们对软件产品的期望值与最终的设计呈现相吻合，即心理模型与设计模型相匹配时，就可以使人们在使用软件时获得更好的体验。

3.5.1 易用性

行为层的情感理念主要体现在产品自身结构、使用方法、功能性和易用性等方面。

在行为层，易于识别、易于理解的设计将有助于用户快速地接受、理解复杂性和多样性的信息。用户在使用一个新软件时，如果能够轻松地理解并把握交互的流程，就能够引发用户的积极心态，达到愉悦的体验状态。

3.5.2　带给用户愉悦的体验

芝加哥大学心理学院院长米哈利·西克斯詹特米哈利认为："愉悦是生活中的最佳体验和享受；感官上的愉悦、身体上的愉悦、思想上的愉悦，会让生活变得更加有意义，而其最终目标是把所有的生活变成一种整合的体验。"

情感性界面的设计是融合计算机科学、心理学、认知科学、语言学、音乐、美术等多方面的理论和方法的过程。其目标是让用户感受到软件传达的信息契合自己的审美及心灵需求，达到审美心理的平衡与体验愉悦感。正如鲁迅先生所说："一切美术的本质，皆在使观听之人为之兴感怡悦。"

3.6　反思层的界面设计

反思是人们认识事物时所获得的最高情感水平，反思层在三个层次中最能够让人们在内心产生深度情感。反思层的目标就是引发回忆、给人惊喜、延伸情感，给用户提供超越性用户体验。反思层的设计要求设计师具有更高的品位和更深刻的内涵。

3.6.1　唤起情感记忆的设计

反思层强调对用户记忆层的激发，通过应用软件中的一些超越性体验，给用户带来难以忘怀的记忆和震撼，从而保持软件产品良好的用户粘性和竞争优势。

每个人内心都有属于自己的独特情感，时常会让我们怀念、依恋，正所谓"爱屋及乌"，正因为人们对于物品所赋予的"情感回忆"，人们往往舍不得丢弃某个旧物，因为此物本身具备了不可替代的精神价值，而此精神价值则是取决于这个物品所承载的人们对过去生活的各种记忆。所以在设计中，我们不妨通过界面渲染出某种情境，激起用户的某种回忆，使用户产生对于此软件的"特别情感"与"眷恋"。

例如网易云音乐，在播放界面运用了较为古老的黑胶造型以提升情境设计，让一些经历过留声机时代的人们可以重温记忆深处的美好情境。又例如，在社交网站界面设计中，我们可以借助一个时期的标志性建筑、文学和音乐等有时代印记的符号，进行情境设计和画面渲染，唤起用户的共鸣，从而增强网站的长久吸引力。

3.6.2 引起强烈情感共鸣的设计

社会心理学认为情境对个人行为的影响力是极大的，情境的设计通过视觉、动效和音效等方式的烘托，把用户带入到一个虚拟的网络环境和场景中，调动用户的情绪并引起用户的共鸣，满足用户的精神需求，这在艺术中称为艺术的共感。

视觉传达的终极目的之一就是让设计作品唤醒人们心中真实拥有却早已遗忘，或未曾发现又似曾相识的心灵共鸣，顶尖的设计作品是一种存在于所有人心中的心灵图式，它实现了设计者与用户的心灵沟通，让用户产生应有的心理感觉和感情依赖，进而产生人类能够共同感受到的价值观或精神，以及由此引发的感动，这就是设计最有魅力的地方。

例如“明月松间照，清泉石上流”，这一“诗中有画，画中有诗”的千古名句至今仍在唤醒着我们心灵深处那幽淡清逸、一尘不染的出世情怀。

3.6.3 互动的设计，满足用户的归属感

人不是冷漠无情的，人是感性的，会在意情感的双向表达。在使用软件产品时，绝大多数人希望体会到互动的乐趣，而不是被动地单向接收信息。无论是灵动的交互动画、操作后的反馈、误操作的提示，都是机器和用户互动的结果。好的互动设计应该让用户融入其中，当用户的一言一行都能被系统感知，并被反馈回信息时，用户的兴趣、参与度和被尊重感将获得极大的满足。

心理学研究表明，人们希望自己归属于某一个或多个群体，这样可以从中得到温暖，获得帮助和爱。如果能更好地挖掘用户的需求，让用户对软件能投放自己的感情，提供互动的方式或平台，并在视觉上更凝练、更具吸引力，将会使用户逐渐对软件产生归属感和依赖感。

3.6.4　贴心的设计，满足用户的尊重感和愉悦感

在软件产品中,贴心的设计能将人性化的关怀传达给用户,会让用户内心感到温暖,进而俘获用户的芳心。贴心的设计始终站在用户的角度,能够及时、真实地了解和关心用户的各种需求。例如,用幽默诙谐的引导语、提示语与用户产生共鸣,为用户带去会心一笑的美好心情;尽量满足用户的个性化体验,例如提供不同风格、不同文化的多主题选择等个性化设置,在满足不同层次用户需求的同时,也使用户表达自我的愿望获得满足。因为对于用户来说,出于最基本的情感需求,他们希望自己能够掌控一切。每一步操作之后的结果是可控制的——操作结果都是意料之内而非总是出现错误报告,或是跳转到了意料之外的结果界面。

例如,在腾讯 QQ 软件界面中,用户根据喜好可以轻松改变 QQ 皮肤,进行个性化装扮,这种个性化设计提高了用户参与主动性,实现了用户的模拟体验愉悦感。

新奇、有趣、独特的设计内容更容易打动用户内心。例如,软件彩蛋、新的交互方法都会使用户感到新奇有趣。惊喜是在满足用户基本需求的同时,超出用户意料之外的一种超出预期的体验,能够使用户获得轻松、愉悦、关怀等积极的心理感受。

愉悦感是用户体验到的软件所带来的快乐、喜悦情绪,包括用户操作时的舒适感、与软件交互的愉悦感、用户使用中体验到的沉浸感等。

总之,用户反思层的情感设计必须通过不断地修改,提升整体的用户体验来得以实现。

3.7　设计师的情感、心境与修养

影响界面设计的主要因素有用户、设计师、技术和环境,其中设计师是影响应用软件界面风格、特点的直接因素。

1. 设计师的情感

设计师的界面设计过程就是在表达自己的情感和知识理解,设计师会将自

己的情感通过不同的色彩、线条、造型等语言表达在界面的风格上，如同艺术家通过作品阐述自己的思想与情感一样。如图 3.7 所示。人们对软件作品的审美过程不仅仅满足于表层的视觉感受，还是一种包括内在文化含量的、深层精神甚至灵魂层面的全面体验过程。

图 3.7　申思油画作品

2. 设计师的心境

设计师是在通过设计语言表达心境。任何作品都是心灵的迹化，是修心的结果，每一个作品都是一种新的感受和境界的呈现，如图 3.8 所示。“一个画家，如果你的心性对这种美好、这种光、这种生命本身的喜悦没有体悟、没有感受，这样的心灵可能不会向往这种圣洁、美好、吉祥的境界，或者想表达这种圣洁、美好的感受，是对应不起来的。”“因为艺术就是你心灵的投射，是你心灵的影像，是你精神的影子，也就是你的心相。”（申伟光《申伟光的话与画》）

图 3.8　靳思维油画作品

3. 设计师的修养

在具备同等设计理念和技巧方法的同时，最终决定作品质量的是设计师的修养。设计师的修养体现在作品的品质和智慧上。现代人最大的困惑是我们面对千变万化的外在世界如何保有内心的清明祥和，如果我们没有内心的定力，就会随波逐流，流于庸俗；但如果我行我素，桀骜不驯，又会为社会所不容。要做到心中的安定就需要有内心的定力。而定力则来源于人的修养，包括人自身的心性、品格、道德、审美、文化等，我们生命本身是趋向完美的，体验幸福是需要素质的。人们物质水平提高了，却不一定能懂得感受幸福。科学与艺术，二者犹如鸟之两翼，科学征服了世界，艺术美化了世界。所以设计师一定要学会发现美、聆听美、感受美和传递美。设计师通过自己的创作过程会得到很多益处，得到很多享受，感受很多美好的东西，用户也照样能感同身受。未来将是"雅者为王"的时代，愿我们的软件作品带给用户温馨、祥和、美好的气息和心境！

附图 3.1 心远地自偏

附图 3.2 张柏洲摄影作品《黄莺裳裳绿叶稠》

‖第 4 章　邂逅编码‖

优秀的软件是使复杂的功能看起来简单。

——Grady Booch，UML 和 Booch 方法的创始人

通过代码行来度量编程的进度，就像测量飞机的重量。

——比尔·盖茨

软件编码是将软件详细设计所得到的处理过程的描述转换为基于某种计算机语言的程序。程序代码则是对软件正确且详细地描述，所以代码质量直接关系到软件产品的质量。

4.1 编码风格

怎么判断你自己是编程老手还是新手呢？这个不能凭入 IT 行业的时间来界定，得根据你是否能长期稳定地编写出高质量程序来判断，因为这是编程老手的基本特征。

很多编程新手被人一眼就看出来是初学者，为什么？因为看一下他的编码风格就清楚了，例如代码格式不够优美，缺少注释等。

程序员真的是码农吗？日出而作，日落而息？如果程序员仅仅机械地写代码只能称为码农。但如果不仅仅是写代码，不仅仅是完成产品，而是完成包含了创意性质的产品，那么就能称为是真正优秀的程序员。

维基百科上对作品的定义是："作品，亦称创作、创意、著作，是具有创作性，并且可以通过某种形式复制的成品。"所以只有包含了创意性质的产品才能称为作品。

那么，如何才能编写出高质量程序、成为真正优秀的程序员、完成一件件优美的作品呢？

首先编码风格应当简明、清晰，不要追求所谓的程序设计技巧，应"清晰第一，效率第二"。编码风格影响软件的可读性、可维护性和可移植性，影响软件的最终质量。代码质量的度量性能包括易读性、易维护性、可靠性、安全性、可移植性、优雅性等。

为什么我们有时感到读别人的代码是一件痛苦的事情？就是大家往往不重视代码的易读性，给他人和自己造成不必要的麻烦。代码最重要的读者是人，不是编译器或解释器。

有这样一个故事：一名士兵遭到敌军追击后躲进一个山洞，突然他的胳膊被狠狠地蜇了一下，原来是只蜘蛛，他刚要捏死它，突然心生怜悯，就放了它。结果，这只可爱的蜘蛛爬到洞口织了一张新网，敌军追到山洞见到完好的蜘蛛网，猜想洞中无人就走了。

很多时候，帮助别人的同时也是在帮助自己。程序员之间的互相尊重体现在他所写的代码中,对工作的尊重也体现在这里。设计易读的代码是重中之重,也是编码的美丽所在。

4.2　易读性好的代码颜值最高

科学技术与人文艺术,本就不是陌路,追求的目标都是让我们的生活更加美好,只是需要我们用心去欣赏它们的美,感受它们的美。就像编码既是技术、也是一门艺术一样,易读性好的代码颜值最高。

爱因斯坦说过,如果你不能把一件事解释给你祖母听的话,说明你还没有真正理解它。

可读性基本定理的关键思想是:代码的写法应当使别人理解它所需的时间最小化。这里的“理解”是指阅读代码的人不仅能读懂,还应该能够改动代码并且明白它是如何与其他部分交互的。

Bob 大叔(Robert C. Martin,世界级软件开发大师,设计模式和敏捷开发先驱,敏捷联盟首任主席,*C++ Report* 前主编,被后辈程序员尊称为“Bob 大叔”)认为软件质量不仅依赖于架构及项目管理,而且与代码质量紧密相关,而代码质量与其整洁度和易读性成正比。

我们从以下几个方面来看看如何编写可读性强的、美丽而优雅的代码。

4.2.1　表面层次的改进——制定代码规范

为了提高代码的易读性,制定代码规范是有效措施,包括格式、命名和注释。

1. 格式中的审美

好的源代码应当看上去养眼——颜值高。良好的代码布局,能够清晰地表达程序逻辑结构。代码格式不规范,不仅别人看起来不舒服,也会影响自己对代码的阅读。不规范的代码格式会让我们更容易犯错,并且更难排查错误。

(1) 使用缩进和对齐进行代码布局,清晰表达程序逻辑结构

代码中 95%都是逻辑,程序员就是将人类语言翻译成编程语言,逻辑并没

有改变。

(2) 将相关逻辑组织在一起,使得程序层次结构分明

我们写文章时,为使其层次分明、逻辑清楚,要将整篇文章分成若干个段落。同理,代码也应当分成“段落”。

(3) 使用空行分割逻辑,过长的语句应适当断行

适当留白、断行让代码看上去更养眼,读起来更有美感。

2. 命名原则

(1) 把信息装到名字里

命名时,名字长度应恰当,应该选择专业的词语,避免使用泛泛的名字,可以使用前缀或后缀为名字附带更多信息,还可以利用名字的格式来表达含义。例如,max_与 min_分别用作上限与下限的前缀,sum_用作和值的前缀,first_与 last_或 begin_与 end_用作范围的前缀。

(2) 不用易使人产生误解的名字

不使用易产生误解、有歧义的名字。要仔细审视这个名字,多问自己几遍:“这个名字会被别人理解成其他的含义吗?”

3. 适当地使用注释

优秀的代码是自注释的,即优秀的代码易读性强大到阅读代码本身就是在阅读注释。我们可以看到,一些优秀开源代码的逻辑非常清晰,让人读起来非常舒服。

在关键的逻辑或者专业知识比较深入的地方,例如复杂的数据结构处添加注释是必需的,但不能滥用,泛滥的注释只能让人更晕或给人误导。

写注释需要注意以下几点:

① 不要给非常简单明了的代码写注释,因为这时注释反而成了累赘。

② 好的注释能够记录编程思路。

任何能帮助阅读者更容易理解代码的语言都可以作为注释。这可能也会包含对于“做什么”“怎么做”“为什么”的注释。

③ 为代码中的瑕疵写注释。

有几种标记在程序中使用频多：TODO——还没有处理的事情；FIXME——已知的无法运行的代码；XXX——危险！这里有重要的问题。

最完美的注释是在注释中记录对代码质量和当前状态的见解、如何改动的想法和完善的方向等。

④ 站在阅读者的角度进行注释。

我们需要站在阅读者的角度，试着阅读代码，如果有些代码可能会引起阅读的疑惑："这是什么意思？""为什么会这样？"那这时就应该给这些代码加上注释。

⑤ 基于全局观的注释。

对于类之间如何交互，数据如何在系统中流动等情况，程序员常常因"只缘身在此山中"而忘记加注释。因此，我们需要基于全局观，加入高级别注释，即使有新人刚刚加入我们的团队，他也很容易理解源代码。

例如，下面关于文件的注释就是一个基于全局观的注释：

```
//这个文件包含一些辅助函数，为文件系统提供了更便利的接口。它处理了文件权限
//及其他基本的细节
```

⑥ 注释要言简意赅。

尽量使用含义丰富的词来使注释简明扼要。

4.2.2 最小化代码中的"思维包袱"——简化循环和逻辑

复杂的逻辑、庞大的表达式或者一大堆变量，都会增加人们的思维包袱。当代码中有很多这样的思维包袱时，不仅很容易产生 Bug，还会让人心情变差。我们可以尝试以下几种方法，提高代码控制流的易读性。

① 在写一个比较语句时，把改变的值写在左边，并且把更稳定的值写在右边，这样更符合人们的阅读和思维习惯。

例如，

```
while(bytes_expected>bytes_received))
```

改为

```
(while(bytes_received<bytes_expected))
```

② 对于 if/else 语句中语句块的顺序，应先处理正确的、简单的、有趣的情况。

③ 尽量不要使用三元运算符、goto 语句等。

④ 尽量提早返回以减少嵌套的层次数，降低人们的认知困难。

⑤ 对于超长表达式，尽量将其拆分，可以引入一个额外的变量，用它来表示其中的子表达式。

⑥ 尽量减少变量的个数和每个变量的作用域。

4.2.3 重新组织代码

① 从软件项目中拆分出尽量多的独立库和自定义函数。

通过建立库和自定义函数，不仅可以提高软件重用性，而且从软件项目中拆分出较多的独立库，可以使项目整洁、变小和易读。所以可以说，最好读的代码就是没有代码——熟悉你周边的库并重用库。例如，SQL 数据库、Python 函数库、JavaScript 库和 HTML 模板系统，它们内部具备大量的通用代码库，使得我们项目的代码库变小。

建议每隔一段时间，就阅读一下标准库中的所有函数，了解有什么可以用的库函数。据统计，一个软件工程师平均每天只能写出 10 行可以放到最终产品中的代码。程序员们根本不相信："10 行代码？我一分钟就写出来了！"这里的关键词是"最终产品中的"。在一个成熟的库中，每一行代码都代表大量的设计、调试、重写、优化和测试。这就是重用库的优势。

② 把代码组织成一次只做一件事情。

③ 注重测试代码的可读性。

测试代码的可读性也同样很重要。测试代码记录了被测代码如何工作和应该如何使用，因此如果测试代码可读性好，使用者对于被测代码的行为就更好理解，其他程序员也更容易进行改动和增加新的测试。

4.3 代码的优化之美

程序员要对自己写的代码负责，时刻优化调整自己的代码，避免“破窗效应”。因为好的代码会促生更好的代码，糟糕的代码也会促生更糟糕的代码。就像墨菲定律中所说：“会出错的事总会出错，如果你担心某种情况发生，那么它就更有可能发生。”如果不对代码进行优化，那么它的腐化只是时间问题。

编程是一种创造性的艺术。精通任何一门艺术，都需要智慧。优秀的程序员除了要写出易读性强的代码外，还需要反复推敲和优化代码，从而进一步提高编程水平。

有位文豪说得好：“看一个作家的水平，不是看他发表了多少文字，而要看他的废纸篓里扔掉了多少。”同理，优秀的程序员删掉的代码比留下来的还要多得多，否则他的代码中一定有很多冗余或垃圾。

据 Google 公司调查统计，公司里高效的工程师平均每天只能写 100～150 行代码。

就像文学作品不可能一气呵成一样，代码也是不可能一蹴而就的。最优秀的程序员，也需要经过反复提炼、反复改进，才能实现最简单、最优雅的代码。这种反反复复的过程会使我们积累起更多代码优化的灵感和经验。

4.4 程序员的华丽转身

编程本身的过程就是尝试、受挫、回顾、顿悟的过程，而且，程序员还会遇到种种诸如此类的烦恼事：接到含糊不清的任务；思路不断地被客户、经理以及同事打断；管理者完全不懂编程、需求频繁变动等。所以作为程序员，我们可能会把软件开发看作是无趣的事情，感到烦恼甚至沮丧。

中国当代学者、作家王小波说，“这个世界上有两类人：一类人把有趣的事情做成无趣，一类人把无趣的事情做成有趣。”我们程序员如何把无趣的事情做成有趣，实现华丽转身呢？

4.4.1 新程序员的成长

对于新入行的程序员，建议从以下几点努力。

① 提高查找技术资源与阅读技术文档的能力。

新入行的程序员在开始学习编程的第一年，所遇到的每一个问题都是其他若干同行们已经遇到的，因此其解决方法在网上已经被公布出来了。你只要快速地提高查找技术资源与阅读技术文档的能力，使用搜索工具寻求帮助即可。越快地提高这些能力，就会变得越开心。所以有人说："普通程序员＋Google＝超级程序员。"

② 相信无论问题多么复杂，总会"柳暗花明又一村"。

当你的编程技能逐渐提升时，你将逐渐地相信无论问题多么复杂，总会有其对应的解决方案，不会再陷入沮丧且抓狂的旋涡中，而且解决问题后更有成就感。

③ 坚持大量实践，多读优秀代码，并善于总结经验和技巧。

新入行的程序员想要提高编写可读性强、扩充性好、易于复用的优质代码和调试代码的能力，必须通过大量实践，多读优秀代码，多学多模仿，并善于总结经验和技巧，在实践中逐渐培养良好的编程习惯和编程经验。

④ 多理解和体会编程思想。

初学者应注意理解与体会以下的编程思想：

• 分治法

分治算法的基本思想是将一个规模为 N 的问题分解为 K 个规模较小的子问题，这些子问题相互独立且与原问题性质相同。求出子问题的解，就可得到原问题的解。

• 组件化

简单地说，模块化、组件化开发方式，就是以搭积木的方式构建出软件系统。组件可以单独开发、测试，允许多人同时协作编写及开发、研究不同的功能模块。

• 算法思想

针对现实世界实际问题建立数学模型,分析与设计计算机算法,最终编程解决问题。

4.4.2 在重构中自我修炼

1. 重构目的

重构是程序员的主力技能。重构的侧重点在于改善程序的可读性、扩展性和程序结构。重构是对软件内部结构的一种调整,旨在提高可理解性,降低修改成本。重构是严谨、有序地对已完成的代码进行整理从而减少出错的一种方法。

2. 何时重构

(1) 增加新功能时一并重构

增加新功能前,需要理解要修改的代码,这时如果发现代码不易理解,就只能对代码进行重构。

(2) 修补错误时一并重构

通过重构可以改善代码结构,帮助我们找出错误原因。

(3) 代码检查时一并重构

代码检查是指通过对源代码进行系统性检查,来确认代码实现的质量保证机制,有经验的开发人员在检查代码时能够提出一些代码重构的建议。

3. 重构时需要注意的问题

为了兼顾短期目标和长期目标,如果团队技术人员充足,可以分出一部分人员进行新架构的开发,而另一部分人在现有架构上进行改进。

对于重构,尽量不要太注重技术完美主义,也尽量不要使用很多未经广泛使用的前沿技术,因为很有可能会遇到意想不到的问题,降低开发速度并影响线上效果。

4. 重构是程序员修炼内功的好方法

有人说："重构＝编辑"，作家确实需要对初稿进行多次编辑，使文字更加精炼和优美。程序员的重构工作与之类似，他们需要对代码进行二次加工，精益求精。

程序员养成重构的习惯，就等于养成了思考的习惯。重构需要不断地思考，不断地改进，因此，重构是程序员修炼内功的好方法。

5. 愿我们找到行云流水般的代码感，做个快乐的程序员

调查发现，很多专业的软件人员热爱音乐，而许多音乐家涉足过编程。例如，Elvis Costello 是一位多产的英国音乐家，被誉为"他那一代最优秀的词曲作家"。他在音乐生涯腾飞之前，在 20 世纪 70 年代曾参与 IBM 360 的工作。

你可以发现，人们之所以会沉溺于这两个领域，是因为创作旋律和编写程序之间有很多共同之处。

一个优秀的作曲家必须先学习和完善基础知识，即简单、重复的音阶和琶音；同样，一个优秀的软件开发者，也需要坚持大量实践与磨炼。作曲家必须以全局观考虑不同乐器组的选择和组合问题；同样，开发者也需要以全局观进行程序架构的创建。

无论作曲家还是软件开发者，都要经历想象、创造和自我表达的过程，因此，编程可以变得很美丽，编程与谱曲、写作一样，从根本上来说都是需要长期创新的领域，他们都怀着一颗美好的、着眼于解决人类问题的初心，他们都需要一个编辑的过程来实现"行云流水"般的旋律、美文和程序。

有这样一个寓言小故事。小猪学做蛋糕，但做出的蛋糕总是不好吃。它问公鸡师傅，公鸡问它做蛋糕的原料是什么。小猪说，为了怕浪费，它做蛋糕用的全是一些快要坏了的鸡蛋。公鸡对小猪说："记住，只有用好的原料才能做出好的蛋糕。"

我们编程何尝不是一样呢？我们只有用快乐的心情才能编写出美好的程序。

愿我们找到行云流水般的写代码感，让我们从充满想象力的构想中开始美好的一天，谱写出一曲曲扣人心弦的“乐章”吧！程序员是高大上的艺术家，而不是码农！

《菜根谭》中有“心体便是天体。一念之喜，景星庆云；一念之怒，震雷暴雨；一念之慈，和风甘露；一念之严，烈日秋霜。何者少得，只要随起随灭，廓然无碍，便与太虚同体。”其意思是说，人心的本性与宇宙的本体是一致的。喜悦的念头就像天空中出现了瑞星祥云；愤怒的念头就像雷雨交加的天气；慈悲的念头就像春风雨露滋润万物；严厉的念头就像寒霜酷暑。只要人类的喜怒哀乐能够随起随灭，心体如同天体广袤无边，毫无阻碍，便可以与天地同为一体了。

附图 4.1　申艳光摄影作品《心体天体，人心天心》

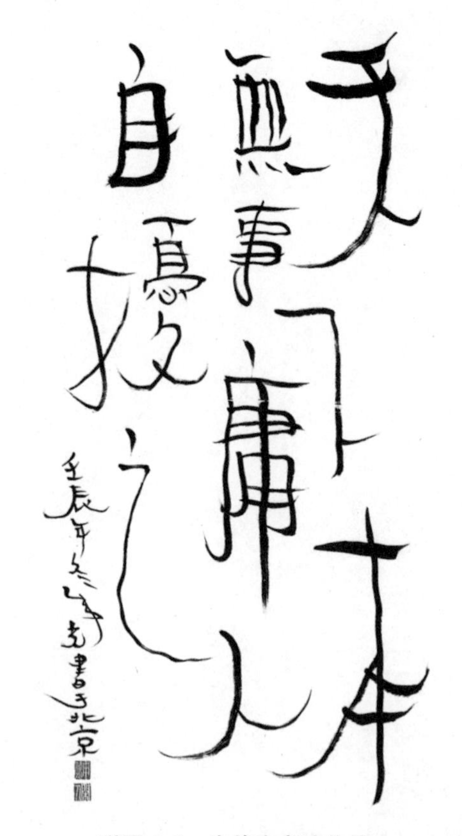

附图 4.2　申伟光书法作品

第 5 章　软件测试的心境

"德随量进，量由识长。"

——《菜根谭》

软件测试在软件开发的系统工程中占有相当大的工作量比重，是一项极富创造性、极具智力挑战性的工作。

5.1 软件测试的目标

有人说，80％的血、汗、泪水都是在软件发布后的时间里流的——那时可能会让你变成一个厌世者，但也可能会让你变成聪明的“行家”。软件测试在软件工程中有着极其重要的地位。

软件测试目标有二：一是向开发者和用户表明软件满足了需求，是一个合格的产品，这是有效性测试，它使用用户希望的方式来测试软件系统，发现系统缺陷并进行改进；二是进行缺陷测试，即找出软件中的缺陷和不足。缺陷测试在软件测试中更重要，因为只有发现了缺陷的测试才是成功的测试。

5.2 软件测试是一门艺术

5.2.1 软件测试的困难

软件测试的困难在于它不仅是对产品的测试，更是对产品设计程序的检验。而且关于系统设计的测试，准则不易寻找，经验未必得以再用。

另外，测试工作没有最佳方法可依循，因为不同的软件所需的测试手段不同。例如小型软件与大型软件不同；系统软件与应用软件不同；定制软件与软件包的要求不同；面向不同行业应用的软件也有各自的特点。因此，测试人员必须根据被测软件的特性与当前资源的限制，结合以往积累的相关经验，设计最适合的测试方式，并随着经验的累积，不断地改进从而趋向最优化。

5.2.2 从心理学视角来看软件测试

软件测试虽然是一项技术性工作，但在整个过程中涉及诸多人类心理因素。

1. 开发人员的心理

软件测试的原则之一是：软件测试是为发现错误而执行程序的过程，在这个过程中，很有可能会把开发人员的代码修改得面目全非，而且这个过程还是反复执行的。所以大部分的开发人员在测试期间，对测试人员或多或少都会暂时产生一点厌烦或恐惧的心理。

因为人性的特点一般不愿意否定自己，所以当程序员建设性地设计和编写完程序之后，很难让他突然改变视角，以一种"破坏性"的眼光来审查自己有成就感的程序，有时他们无法改变思维方式来尽力暴露自己程序中的错误，而且可能会下意识地避免找出错误。

另外，如果错误是由于程序员错误地理解了系统需求导致的，那么程序员自己带着误解来测试自己的程序是无济于事的。所以，开发人员和开发小组应当避免测试自己编写的程序，尽可能配置独立于开发小组之外的专职测试人员，或由客观、独立的第三方来进行测试。

因此，在公司的架构中，测试机构不应是同一个公司的一部分，否则测试机构仍然会受到与开发部门同样的管理压力的影响。

2. 测试人员的心理

要成功地测试一个软件，测试人员是否具备正确的态度非常重要，因为测试人员的态度比测试过程本身还重要。

(1) 测试是为发现错误而执行程序的过程，而不是证明软件不存在错误的过程。

好的测试不仅仅用户受益，更有助于开发人员将来对软件更好地维护和升级。

若测试人员在潜意识中倾向于为了证明程序中不存在错误，就会倾向于选择较少导致程序失效的测试数据；反之，如果测试人员是为了发现错误，设计的测试数据就有可能更多地发现问题。

(2) 软件测试的目的不在于证明软件能够正确完成其预定的功能。

测试人员一开始就应该假设程序中隐藏着错误，不要只是为了证明软件能够正确完成其预定的功能而去测试软件，只有本着这样的目标，才能发现尽可能多的错误。

在测试过程中，通过一个个成功的测试用例，找出并修改软件中的错误，可以提高软件的可靠性，促进软件质量的改进。因此测试增加了软件的价值。

5.2.3 软件测试是一项极富创造性、极具智力挑战性的工作

1. 测试用例的智慧

软件测试原则中强调：一个好的测试用例具有较高的发现某个尚未发现的错误的可能性；一个成功的测试用例能够发现某个尚未发现的错误。因此，测试用例的编写是一个测试人员的基本功，小小的用例里面包含了大智慧。

设计测试用例应该考虑以下几个方面：

(1) 需求功能的覆盖程度

测试用例一般是根据需求分析后得出的测试需求，进行细分得到的。

(2) 针对需求功能的补充

有时可能会出现设计遗漏，因此针对需求功能的补充是非常重要的。

(3) 软件核心模块的单独测试

每一个软件都有其核心模块和较复杂的模块，这类模块的质量优劣是整个软件的重心。例如，ERP 的核心模块是进销存等模块，GIS 专业软件的主要核心模块是地图绘制、地图打印等。对于这些核心模块一定要重点单独测试。

(4) 根据行业经验的探索性测试

不同行业软件的缺陷规律不同，例如，财务管理类和 GIS 类显然是有区别的。因此测试用例的设计，应运用本行业工程应用实践中总结的策略和启发式方法，强调对测试人员的知识和经验的运用，包括领域知识、系统知识和一般的软件工程知识等，进行探索性测试。

2. 测试管理

测试管理的目的是随时掌握测试状况，并根据需求及时调整测试策略。另外，在阶段测试结束后，测试管理人员可以进行测试成果的分析，通过分析，找出导致问题产生的原因，并采取针对性的措施，以达到预防缺陷的目的，也可以作

为下一版软件测试改进的依据。

有关软件测试的方法和技术很多，在应用上仍须根据实际情况加以调整，可谓是“路漫漫其修远兮，吾将上下而求索！”

5.3 提升自己的心境——软件测试的启示

在软件生命周期的活动中，测试和维护是最令软件人员厌烦的工作。在这个过程中，我们很容易释放抱怨、焦虑等消极情绪，这种消极情绪你影响我，我影响你，是很危险和可怕的，会对我们的身心产生极大的害处，进而会带来更多负面的情绪和问题。

下面让我们一起重新认识和思考测试带给我们的启示吧。

5.3.1 反省和自省——调试自己的问题

1937 年，美国青年霍德华·艾肯为 IBM 公司投资 200 万美元研制计算机，艾肯把第一台成品取名为 mark1，又叫“自动序列受控计算机”。为 mark1 编制程序的是哈佛的一位女数学家格蕾丝·莫雷·赫伯，有一次在调试程序时出现故障，拆开继电器后，发现有只飞蛾被夹扁在触点中间，“卡”住了机器的运行。于是，赫伯诙谐地把程序故障统称为“臭虫(Bug)”，把排除程序故障称为调试(debug)。

曾子曰：“吾日三省吾身：为人谋而不忠乎？与朋友交而不信乎？传不习乎？”意思是说：“我每天多次反省自己：为别人办事是不是尽心竭力了呢？同朋友交往是不是做到诚实可信了呢？老师传授给我的学业是不是复习了呢？”

自省是自我修养的基本方法，这种“反省内求”的修养方法在今天仍值得我们借鉴。《论语》中多次谈到自省的问题，子曰：“见贤思齐焉，见不贤而内自省也。”人的高贵是从哪里来的呢？是从我们对自己所犯错误的反省和改正中诞生的，这种心灵的高贵是靠约束自己显现出来的。

通过逐渐地自省，我们就会在一件事发生之前，像过滤器一样，把不好的部分先滤掉，并且询问自己：“我这样做到底是对还是错？错了会有什么严重的后果？”而对自己的错误采取的有效约束越多，就越能真正反省错误，改善自我。

5.3.2 抱怨和祝福只是一念之差

如果一个人不能反省自己，经常埋怨别人，我们就会发现他身边会有一群与他同样的人，这就是作用力和反作用力的结果。心灵的高贵是从约束自己而来，内心充斥着怨气，不可能为自己带来快乐。如果我们能够努力自省，消除负面情绪，累积向善的力量，不再伤害自他，心底的爱就会产生出来。

《首楞严三昧经》中说，“一切凡夫，忆想分别，颠倒取相，是故有缚……诸法无缚，本解脱故，诸法无解，本无缚故，常解脱相，无有愚痴。”常怀谦卑心、柔软心和宽容心的有智慧的人，各种不如意就像天边飘过的浮云，是不能干扰他的。无论处在什么样的困难和烦恼的环境中，他都有魄力放下内心的挂碍，让心境像蓝天一样清净。

抱怨和祝福，是一股能量的两个面孔。转抱怨为祝福，转烦恼为菩提，就会让我们的菩提树结出甘果，而不是变成满树荆棘，扎人扎己。

《金刚经》云：“过去心不可得，现在心不可得，未来心不可得。”一切风雨、一切悲欢，终将过去，学会放下，当下就还你一个清凉快乐的世界。

5.3.3 破除我执，修炼胸怀

我们凡夫一切都是以自我为中心，人生的诸多烦恼、痛苦都是来自我执。

明代思想家、军事家、心学集大成者王阳明一生历经坎坷，遭廷杖、下诏狱、贬龙场、功高被忌、被诬谋反，可谓受尽了命运的折磨，但是王阳明却在生活中一直保持着积极乐观的情绪。王阳明说，所谓的寻找快乐，就是一个不断放下自我的过程。

孔子讲“毋意、毋必、毋固、毋我”。儒释道都提出了破除我执、超越自我的思想。我们一定要清楚、清醒地认识到，我执是我们的敌人，而且是最大的敌人。

胸怀，指一个人的胸襟和气度。拥有博大的胸怀，才能不断提升自己的生命境界。

《论语》有“君子坦荡荡，小人长戚戚”“巧言乱德”“小不忍则乱大谋”。

《菜根谭》有“仁人心地宽舒，便福厚而庆长，本事成个宽舒气象；鄙夫念头迫促，便禄薄而泽短，事事得个迫促规模。”

仁慈博爱的人心胸宽阔坦荡，所以福禄丰厚长久；浅薄无知的人心胸狭窄，所以福禄微薄短暂。

人的知识是学出来的，人的能力是练出来的，而人的胸怀是修出来的，胸怀没有极限，它只会越来越大。

生活里什么最公平？智慧最公平。智慧的获得不能依靠权力和钱财，它是智者对生活的思考、对烦恼的洞彻，是一种在磨砺中的觉醒，是一种在偏见中的解脱，但它更是一种自我受用。

佛家有禅语：“随遇而安，随缘生活，随心自在，随喜而作。”随缘是人生的一种坦荡，是一种觉悟，是对自我内心的一种自信和把握，是一种成熟后的胸怀。

白居易在诗中写道：“蜗牛角上争何事？石火光中寄此身。随贫随富且欢乐，不开口笑是痴人。”南怀瑾在诗中说：“秋风落叶乱为堆，扫尽还来千百回。一笑罢休闲处坐，任他着地自成灰。”喝一杯远离世味的清茶，看一道赏心悦目的风景，这便是世间自在人。

愿我们心如莲花，优雅绽放，一路芬芳！

附图 5.1　申伟光水墨作品《白荷图》

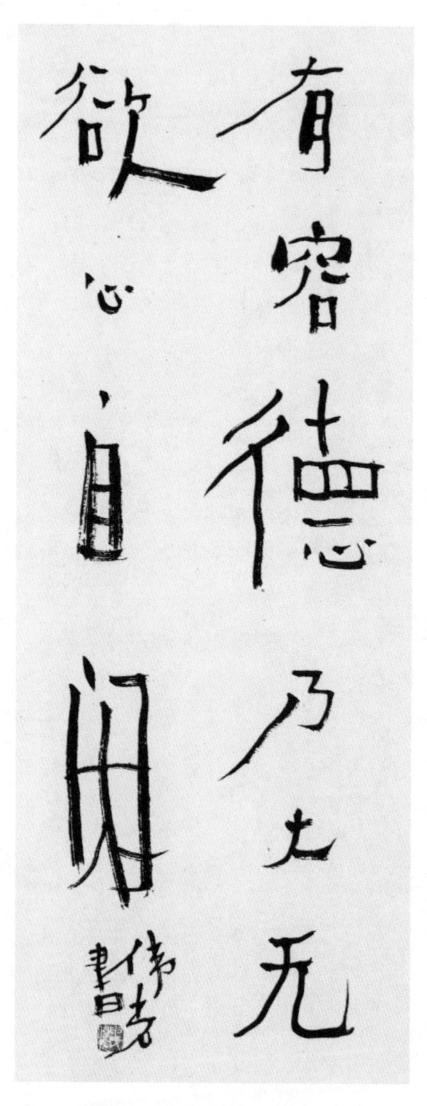

附图 5.2　申伟光书法作品

第6章　软件项目团队管理

一花独放不是春，百花齐放春满园。

——明清《古今贤文》

天时不如地利，地利不如人和。一支竹篙难渡海，众人开桨划大船。这就是团队的力量。

6.1 软件项目团队模式

团队是一定数量的个体成员组织的集合,它包括软件技术人员、供应商、分包商、客户等,常见的软件项目团队一般包括项目经理、需求分析师、项目分析师、设计师、程序员、文档管理员、测试人员等,有的成员也可能扮演一个或多个角色。他们为了一个共同的目标协调一致、愉快地合作,以便最终开发出高质量的产品。

项目团队管理是项目管理中最为根本的一项管理,其终极目标是最大限度发掘个人和团队的能力。

软件项目团队模式主要有主治医师模式、明星模式、社区模式、业余剧团模式、敢死队模式、秘密团队模式、交响乐模式、爵士乐模式、功能团队模式、官僚模式等。

1. 主治医师模式

在主治医师模式中,有首席程序员(主治医师),负责主要模块的设计与实现,其他成员从各种角度支持其工作。这种模式容易退化为"一人干活,其他人打酱油"。

2. 明星模式

主治医师模式进一步发展就有可能成为明星模式,这时出现的问题是个人英雄主义发挥到极致,而忽略了团队的力量和团队的利益最大化。

3. 社区模式

社区模式的优点是"众人拾柴火焰高",例如开发和维护 Linux 操作系统的社区就是一个成功的社区项目,这种模式需配备严格的质量控制机制。

4. 业余剧团模式

在业余剧团模式中,不同项目的成员可能承担不同的角色和任务,这种团队的组织是不稳定的，适合于学生培训项目等。

5. 敢死队模式

遇到一些重大且紧迫的任务时，需要迅速抽调各方面专家和精英强将，集中攻关，速战速决。

6. 秘密团队模式

例如，臭鼬工厂(Skunk Works)是洛克希德·马丁公司高级开发项目的官方认可绰号。臭鼬工厂以担任秘密研究计划为主，研制了洛马公司的许多著名飞行器产品，包括U-2侦察机、SR-71黑鸟式侦察机以及F-117夜鹰战斗机等。这种团队不受外界干扰，内部自由度很大，

7. 交响乐队模式

交响乐队模式的优点是分工明确，每人各司其职，但需要一个能力比较强的指挥者。其缺点是组员一切听从指挥者，按照要求做自己的事，容易没有自己的想法。

8. 爵士乐队模式

爵士乐队模式和交响乐队模式几乎相反，无指挥者，人数较少，强调个性化的表达和积极的互动，对变化的内容有创意的回应。

9. 功能团队模式

功能团队模式是软件公司常有的模式，该模式中成员之间平等协作，共同完成一个功能，这个模式的优点是人人平等，没有管理和被管理的关系。不同能力的人可以平等协作共同完成一个功能，并且完成一个工作后可以再和别人完成另外的工作，每个人都能发挥自己的特长，提出自己的想法。其缺点是组员之间不熟悉，需要一些时间去熟悉别人的编程方式，比较浪费时间。

10. 官僚模式

官僚模式脱胎于大机构的组织架构，成员之间不仅要与技术层面的合作者和领导者打交道，还要与组织层面的领导者和下级打交道，导致合作存在很多困难。

除上述十种模式以外，目前最常见模式一般采用"管理-技术-质保"三条线管理以及分层分级简化管理的思想，力争以最优的方式进行团队管理。

① 管理一条线：项目经理总体负责项目决策、计划安排、任务分派、跟踪监督以及绩效考核等。

② 技术一条线：技术负责人总体负责需求分析、系统设计、编码、测试等技术问题，辅助项目经理管理好团队。

③ 质量保证相对独立：质量保证人员采取双线汇报的工作机制，既向项目经理汇报，也向质量保证职能部门负责人汇报，出现重大争议问题时，还可以向高层管理人员直接汇报。

对于中小型公司或项目，项目经理和技术负责人往往合二为一。

6.2 软件项目团队合作的阶段性

无论采用何种模式，规范、成熟、良好的团队合作永远是硬道理。团队合作的发展一般分为以下几个阶段。

1. 初步形成期

团队对项目前景充满期望，士气高昂。但这个时期会出现"很多人讨论，无专人负责"的局面。

2. 磨合震荡期

随着项目中困难和压力不断出现，团队成员在解决问题时出现争执，这个时期最有可能出现谣言和误解。

3. 规范成型期

团队逐渐成型，意识到团队协作的重要性，团队成员之间开始互相信任和支持，团队的领导者逐渐被认可。

4. 创造表现期

团队成员具有强烈的团队自豪感，团队高度自治，这个时期团队的创造力和执行力达到最强。

6.3 软件项目团队合作的成功要素

6.3.1 团队激励

高效的团队需要进行团队激励措施，给每个成员及时增加动力，从而充分调动人的主动性和积极性，进行创造性的工作。

1. 西方的管理激励理论

西方常见的管理激励理论可以分为两类：一类是以人的心理需求和动机为主要研究对象的激励理论；另一类是以人的心理过程和行为过程相互作用的动态系统为研究对象的激励理论。

(1) 马斯洛需求层次理论

马斯洛需求层次理论由美国心理学家亚伯拉罕·马斯洛1943年在《人类激励理论》一文中提出。此理论将人类需求像阶梯一样从低到高按层次分为五种：生理需求、安全需求、社交需求、尊重需求和自我实现需求。

生理需求包括呼吸、水、食物、睡眠等。安全需求包括人身、健康、工作职位、财产等安全性保障。社交需求是指情感和归属的需要，包括友情、爱情、亲情。尊重需求可分为内部尊重和外部尊重。内部尊重是指一个人希望自己有实力、充满信心和独立自主；外部尊重是指一个人希望有地位和威信，受到别人的尊重、信赖和高度评价。自我实现需求是最高层次的需要，是指一个人希望实现自己的潜力，成为自己所期望的形象。

(2) 麦克利兰的成就激励理论

美国哈佛大学教授戴维·麦克利兰提出了著名的“三种需要理论”：

① 成就需要：有所成就、希望做得最好。

② 权力需要：影响或控制他人且不受他人控制。

③ 亲和需要：建立友好亲密的人际关系。

(3) 弗鲁姆的期望理论

1964年，美国心理学家弗鲁姆提出了期望理论。他认为，人们采取某项行动的动力或激励力取决于其对行动结果的价值评价和预期达成该结果可能性的估计。用公式表示为：$M=V\times E$。其中，M为激励力量；V为目标效价，反映个人对某一成果或奖酬的重视与渴望程度；E为期望值，是个人对某一行为导致特定成果的可能性或概率的估计与判断。

其他还有海兹波格的激励理论、麦克勒格的X-理论和Y-理论等。

2. 中国古代的激励方法

比西方激励理论早两千多年前，中国古代的政治家、军事家、思想家就总结出了治国统兵的实践经验，提出了一系列激励的方法，对我们今天的软件团队管理仍具有很好的指导意义。

(1) “士为知己者死”

儒家孔子提出“仁”，主张“施仁政”，强调国家的统治者要像爱护亲属一样地对待臣民。

中国春秋时期著名的军事家、政治家孙子在《地形篇》中写道：“视卒如婴儿，故可以与之赴深溪；视卒如爱子，故可与之俱死。”将帅如能像对待自己的爱子一样对待士卒，就能使士卒甘愿追随自己赴汤蹈火。这样的军队将无往而不胜。

(2) “陟罚臧否，不宜异同”

诸葛亮在《出师表》中“陟罚臧否，不宜异同”的理论，是指赏罚的关键是要严明、公正，奖惩功过不分贵贱。曹操也曾说："设而不犯，犯而必诛"。曹操违纪，自罚"割发代首"；街亭失守，诸葛亮"挥泪斩马谡"。这些历史典故都是执法严明的例证。

(3)"任贤律己""身先士卒"

管理者要知人善任，严于律己，身先士卒，以自己榜样的力量去感染和激励下属，《论语》有"己所不欲，勿施于人"。

(4)"上下同欲者胜"

《孙子·谋攻》中有"上下同欲者胜"，孙子将"上下同欲"列为五个制胜必备因素之一。上下同心同德则无往而不胜，上下离心离德则如同散沙，不攻自破。

3. 关于软件团队合作的激励方法的思考

(1) 以德服人和以法制人相辅相成。

中国古代强调心治，激励重情。"爱之如父母，则归之于流水"。《管子·心术》中说："心安是国安也，心治是国治也，治也者治心，安也者安心。"

2013 年，华为公司总裁任正非带领华为高管发布廉洁自律宣言："我们必须廉洁正气、奋发图强、励精图治，带领公司冲过未来征程上的暗礁险滩……"。福耀玻璃工业集团股份有限公司董事长曹德旺从 1983 年至今，累计个人捐款已达 80 亿元，2009 年登顶有企业界奥斯卡之称的"安永全球企业家大奖"，成为首位华人获得者。上述成功企业家案例都在强调以人格做事，以德服人。

以法制人指的是建立健全的规章制度，强化制度管理，用规章制度规范人的行为，奖勤罚懒，奖优罚劣。

孔子云："道之以政，齐之以刑，民免而无耻；道之以德，齐之以礼，有耻且格"。以德服人和以法制人，犹如车之双轮、鸟之两翼，不能偏废。德治是法治之本。

(2) 综合运用多种激励方式

激励方式多种多样，可以根据团队特点，有选择地综合运用多种激励方式。

① 榜样的激励。

"表不正，不可求直影。"管理者是下属的镜子，要让下属高效，自己不能低效。

晚清“中兴第一名臣”曾国藩特别强调领导表率，他认为：“惟正己可以化人，惟尽己可以服人。轻财足以聚人，律己足以服人，量宽足以得人，身先足以率人。”

② 目标的激励。

把握“跳一跳，够得着”的原则，设置适当的目标，激发员工不断前进的欲望。

③ 尊重的激励。

尊重是激励员工的法宝。

④ 沟通的激励。

积极有效的沟通非常重要，沟通带来理解，理解带来合作。

⑤ 信任的激励。

雄鸟采集了满满一巢果仁让雌鸟保存，由于天气干燥，果仁脱水变小，一巢果仁看上去只剩下原来的一半。雄鸟以为是雌鸟偷吃了，就把它啄死了，过了几天，下了几场雨后，空气湿润了，果仁又胀成满满的一巢。这时雄鸟十分后悔地说：“是我错怪了雌鸟！”

这个故事告诉我们信任是多么重要，很多团队都毁于怀疑和猜忌。用人不疑是驭人的基本方法。

⑥ 宽容的激励。

两只乌鸦出现矛盾，对骂起来，它们越吵越激动，其中一只乌鸦随手捡起一样东西向另一只乌鸦投去。那东西击中另一只乌鸦后碎裂开来，这时投东西的乌鸦才发现，自己投出去的原来是自己一只尚未孵化好的蛋。

同样，在成员间遇到问题和矛盾时，要多换位思考，多宽容对方，冲动是魔鬼。

⑦ 赞美的激励。

懂得感恩才能在小事上发现美，最让人心动的激励是赞美。

⑧ 文化的激励。

企业文化和精神是企业管理之魂。例如，华为公司的企业文化是“学习，创新，获益，团结”；福耀玻璃工业集团股份有限公司的企业文化是“团结，沟通，协作，共鸣”。

企业文化是长久而深层次的激励，能够提高团队士气，而团队士气是项目成功的一个重要因素。

⑨ 惩戒的激励。

惩戒的作用不仅在于教育其本人，更重要的是让其他人引以为戒，这是一种不得不为的反面激励方式。

例如，Google 公司采用互相评价的方式。工程师之间可以彼此互赠评价，一种是对于在职责之外帮助他人的员工将得到“同事奖金”提名，奖金是 100 美元，另一种是“点赞”。此外，Google 和其他公司一样，也有年底绩效奖和股权激励，绩效优秀，可以晋升。

6.3.2　团队的系统性和开放性

据美国 Standish Group 对 8400 个 IT 项目(投资约为 250 亿美元)的调研结果显示：项目团队实现其原定目标的只占 16%，项目经补救后完成的占 50%，彻底失败的占 34%，可见 IT 项目团队绩效不佳。

原因何在呢？我们从下面几个方面来分析和解决。

1. 团队的开放性

当前软件开发项目团队并没有完全认识到自己的团队是一个不断与外界交换信息的开放系统，往往将重点放在项目组内部，过多地将重点放在解决局部问题上。

(1) 项目团队要不断地与外部客户沟通，及时交换信息

项目团队是以客户需求为中心来完成开发任务的，要不断地与外部客户沟通，及时反馈和交换信息，确定需求的优先级，建立项目开发的需求优先级队列，从而减少不必要的细枝末节。

(2) 项目团队要不断地与高层管理人员沟通

项目团队必须得到公司的认可和支持才能得以顺利开展，这就要求项目团队要不断有效地与公司高层管理人员沟通。

2. 团队的系统性

软件开发是要完成新的知识的创造，需要将每个成员的工作整合在一起形成完整的软件系统。因此，应注重团队的系统性，在项目开发的各个阶段中，项目团队成员都必须加强协作与合作。

一般程序员比较容易出现的状况是只专注于自己的一亩三分地，而优秀的团队成员会在完成自己任务之余，主动了解其他成员的工作内容、团队的整体规划、软件系统的架构和说明文档。因为这样能够更加理解自己的工作，而且知道为什么这个产品应该这样设计、这样规划，这种大局观既有利于自己的职业生涯，也有利于团队的发展。

项目如棋局，格局决定结局：开局时的占位取势，中盘时的果敢坚决，收官时的每子必争。一定要有贯穿始终的系统的大局观，大处把握，小处着眼，举大而不遗细，谋远而不弃近。

3. 团队管理的五个维度

团队管理可以分为以下五个维度。

(1) 向下维度——管理下属和团队

晚清"中兴第一名臣"曾国藩的用人原则是："尺有所短、寸有所长，用人应用其长……世不患无才，患用才者不能器使而适用也。"用人之长，天下皆可用之人；用人之短，天下无可用之人。

(2) 向上维度——管理上司

管理者需要做好上司的助手，顾全大局，为领导主动分忧解难。另外要积极主动向领导汇报项目的进展，包括问题、机遇和倾向性解决方案等，让领导充分了解你的想法和期待，从而给予团队更多的指导性帮助和政策及资源的倾斜。

(3) 横向管理——管理好同伴

我们看一个小故事：一个理发员给顾客剃头，刚剃了几下，就伤了几处头皮。于是，他对顾客说："你的头太嫩，下不了刀。等过些时，让它长老点，再给你剃吧。"把人头剃破了反而怪人头嫩！出了问题，怎么能先去怪罪别人呢？所以,多换位思考,多宽人律己吧,给别人空间就是给自己空间。

(4) 向外管理——管理外部客户及利益相关者

一要加强与外部客户及利益相关者的沟通,争取客户深度参与项目,获取其有力配合支持;二要站在客户角度考虑问题,应当考虑如何通过项目团队的成果来促成客户绩效的持续提升。

(5) 向内管理——管理自我

管好自己,修己才能安人。这是最重要的,也是我们最有把握做到的。

荀子在《劝学》中写道:“君子博学而日参省乎己,则知明而行无过矣。”君子广泛地学习,而且每天检查反省自己,那么他就会聪明机智,行为就不会有过错了。

《大学》有“所恶于上,毋以使下;所恶于下,毋以事上;所恶于前,毋以先后;所恶于后,毋以从前;所恶于右,毋以交于左;所恶于左,毋以交于右。此之谓絜矩之道。”如果厌恶某人对你的某种行为,就不要用这种行为去对待这个人。《论语》中子夏曰:“大德不逾闲,小德出入可也。”君子当顾全大局,而不在细枝末节上斤斤计较。

乐山凌云寺中的禅意对联写道“笑古笑今,笑东笑西笑南笑北,笑来笑去,笑自己原来无知无识;观事观物,观天观地观日观月,观上观下,观他人总是有高有低”。在人生这个局中,局中人看遍世间万物,但别忘了观己身。

6.3.3 最好的风水是人品

软件工作者都希望自己的公司顺风顺水,自己的团队万事如意,那么,人的第一风水是什么?是心。《坛经》上说:“一切福田,不离方寸。从心而觅,感无不通”。方寸就是我们的内心,里面包含了一切福田,这个福田是开拓耕耘还是荒废,全在我们自己。

有这样一个故事,一个人请风水先生去自家墓地看风水,途中远远看到墓地方向鸟雀惊飞。于是他猜想可能是有小孩子在旁边的树上摘果子,他怕到了那里吓得孩子从树上掉下来,就和风水先生一起返回了。这时风水先生说:“你家的风水不用看了,就你们这样的人家,干什么都会顺当的。”那人不解,风水先生一语道破：“世间最好的风水，是人品！”

一个团队里人人厚道，互相尊重，互相信赖，就能积累人缘、积聚人气，就会招来最好的运气，就会有最好的风水。

《菜根谭》有：“径路窄处，留一步与人行；滋味浓时，减三分让人尝。此是涉世一极安乐法。”“完名美节，不宜独任，分些与人，可以远害全身；辱行污名，不宜全推，引些归己，可以韬光养德。”“我有功于人不可念，而过则不可不念；人有恩于我不可忘，而怨则不可不忘。”“天地之气，暖则生，寒则杀。故性气清冷者，受享亦凉薄。惟和气热心之人，其福亦厚，其泽亦长。”

留人宽绰，于己宽绰；于人方便，于己方便；美名不独享，责任不推脱；忘功念过，忘怨念恩。古人总结出来的处世秘诀在今天仍有指导意义。

6.3.4 软件项目团队的协作之美——“和”

2008年北京奥运会开幕式《画卷》的表演中，完整的巨幅画卷中间出现了三个不同字体的巨大的“和”字，向全世界人民表达了中国儒家的人文理念——“和为贵”。

软件开发更讲究“和”，软件开发的“和”主要是从三个方面去理解：流程、技术和人，这三方面的和谐统一才能构成一个质量合格的软件。这三方面就像一个三角形的三条边，只有在三边相等的情况下，三角形的面积才是最大的。一个软件的质量和客户的满意度取决于三角形的最短边。所以说短边首先影响的就是交付质量。在实际的项目中，这三条边不可能等长，但它们是可以协调的，把最短边拉长是现实当中最紧迫的事。

在团队中开发软件类似于在乐队中演奏乐器。乐队中每个演奏家既要集中精力演奏自己的乐器，又要与乐队保持合拍和同步。同样，开发人员不仅要构建自己高质量的代码，还要与其他成员的软件活动进行协调，以使项目的各个部分能完美地结合在一起。

例如，IBM研究院和Rational两个部门联合启动了Jazz平台，Jazz平台专门面向全球化和跨地域团队开发，其开发思路正是力图把流程、技术和人完美地结合，这种结合体现了软件开发的协作之美——“和”。

“和”字,根植于中国人的血脉深处。两千多年前,先哲孔子就开始倡导“和为贵”的信条。这位伟大的思想家,经常以“和”教导孔门弟子：立身处世要“克己”,要由“人和”推及“政和”,以至于延续到整个人类,达到“四海之内皆兄弟也”。

一个“和”字,寄托着中国人多少温暖、善良的感情和期望,愿我们的团队写好这个并不复杂的“和”字！愿天地万物处处彰显“和”之美、“谐”之魅！

附图 6.1　张柏洲摄影作品《自然之“和”》

附图 6.2　芸芸众生之“和”：申伟光水墨作品《二重唱》

第7章　软件文档写作的艺术

不求好意，只求好句。

——宋·欧阳修《计三十条吊僧诗》

软件工程生存周期规定每一个阶段都要生成高质量的文档。文档的编写是软件开发过程中的重要工作。

7.1 软件文档的作用

文档按照产生和使用的范围大致可分为三类：一是开发文档，包括可行性研究报告、项目开发计划、软件需求说明书、数据要求说明书、概要设计说明书、详细设计说明书等；二是管理文档，包括开发计划、测试计划、测试报告、开发进度月报、项目开发总结等；三是用户文档，包括用户手册、操作手册和软件需求说明书等。

高质量、高效率的文档管理和维护在软件工程中意义重大。

1. 提高软件开发过程中的能见度，有助于软件管理

文档能够记录开发过程中发生的事件，有利于提高软件开发过程中的能见度，便于进行软件开发进度和开发质量管理。

2. 提高开发效率

各阶段的开发人员通过编制文档，促进其周密思考和全盘权衡，并可及时发现问题和及时纠正，从而提高开发效率。

3. 有助于培训与参考

文档可提供软件运行、维护和培训的有关信息，便于管理人员、开发人员、操作人员和用户之间的协作和交流。

4. 提高市场效益

潜在用户可以通过文档了解软件的功能、性能等各项指标，方便其选购符合自己需要的软件。

7.2 软件文档写作的指导原则

7.2.1 软件文档编写是一门艺术

法国作家居斯塔夫·福楼拜说:“科学与艺术在山脚下分手,在山顶上会合。”

文档编写与写作一样,也是一门艺术,虽然人们在长期实践活动中发现和总结的一些经验原则,可以在一定程度上起到指导作用,但软件开发是具有创造性的脑力劳动,在规模和复杂度上差异很大,所以文档编写不能按照固定的模式生搬硬套,应允许有一定的灵活性。

文档的灵活性表现在以下方面。

1. 文档的种类

按照标准,一般软件开发过程需要产生的文档有 14 种之多。对于具体的软件开发项目,可以根据实际情况,决定哪些文档可以合并和省略。一般地,当项目的规模、复杂性和潜在风险增大时,文档编制的数量、管理手续和详细程度都将随之增加;反之,则可适当减少。当项目有特殊要求时,也可以创建新的文档种类。

对于规模较大的开发项目,文档需要分卷编制。分卷既可以按子系统,也可以按内容。例如,系统设计说明书可分写成系统设计说明书和子系统设计说明书;程序设计说明书可分写成程序设计说明书、接口设计说明书和版本说明;操作手册可分写成操作手册和安装实施过程等。

2. 文档的详细程度

文档的详细程度取决于项目的规模、复杂性和项目负责人对项目开发及运行环境需求情况的判断。编档时,可以根据实际情况,在通用的文档模板的基础上予以扩展或缩并。

7.2.2 软件文档化的目标是交流

技术文档的主要作用是进行交流和沟通，所以易读性必须强。

进行文档编写时，要时刻牢记文档是与用户交流沟通的唯一媒介，应清晰易懂，使用户不易产生二义性。例如，需求文档要保证用户易读，就要尽量使用用户术语。不要为了遵循一些抽象的正确性标准而去机械地照搬这些标准方式，这将导致文档毫无意义。“己所不欲，勿施于人。”如果写的文档自己读起来都觉得生僻晦涩，那别人怎么能理解呢？所以，文档编写前，必须了解读者的水平、特点和要求。

7.3 软件文档写作的常用技巧

7.3.1 内容组织

1. 所有内容位置得当

有效建立文档组织结构的方法就是借鉴和使用标准的文档模板。文档在内容组织上的一个基本原则是：每段内容都有一个合适的位置，而且每段内容都被置于合适的位置。如果随意地设计文档的组织结构，将有可能忽略细节信息或在很多位置多次重复相同的细节。

2. 对于需要重复的内容，进行引用或强化

对于文档中必要的冗余重复信息，可以考虑使用引用，即在文档中交叉引用相关的各项。也可以使用强化，即通过在文档不同部分建立有逻辑性的链接，同一内容以不同的形式在不同部分多次出现，使读者可以更加深刻地理解文档内容。

常用软件文档中的引言部分就是一种强化冗余，每一种文档都要包含引言部分，以提供内容梗概。还有各种文档中的说明部分，如对功能性能的说明、对输入输出的描述等，这是为了方便各类文档的读者，避免读者读一种文档时还得

参考其他文档。

7.3.2　细节描述

1. 定义术语表

术语表是对重要术语的清晰、一致的说明，用于准确描述术语的含义。

常见问题有术语不一致、出现冗余的术语等。文档中出现的不必要的术语称为冗余术语，文档中不要出现过于复杂的词汇和表达方式，这样会降低文档的精确性和清晰性。

2. 简洁

软件技术文档的书写主要使用简单语句，尽量不要使用复杂长句，避免使用形容词和副词。

另外，一图胜千言，截图、图表的使用会大大提高软件技术文档的清晰度。

3. 避免干扰文本

干扰文本是指那些没有实用目的、对文档内容的理解没有贡献的文本。干扰文本会浪费读者的时间和精力，例如，元文本就是一种常见的干扰文本。它是一种对文本内容进行描述的文本，例如"这一段的意思是……""本段描述的是……"等。但是，如果没有元文本读者就无法正确理解文档内容，这时元文本才是必要的。

4. 精确

精确的文档书写不能使用模糊和歧义的词汇。

一份优秀文档和一份较差文档的区别在于细节问题的处理上，如遣词造句和组织方式等。所以，要想写出一份漂亮的软件文档，一是要广泛了解他人实践中的间接经验，二是要加强自身实践，多动手写作，多阅读优秀的文档，从中总结直接经验，包括文档的组织方式、常用的写作技巧和易出错点等。

7.3.3 真诚地站在读者角度编写文档——最重要的技巧

子曰："躬自厚而薄责于人，则远怨矣。"为人处事应该多替别人考虑，从别人的角度看待问题。技术文档的主要作用是进行交流与沟通，而良好的交流与沟通是软件质量的重要保证，于己于人都有益。

孟子曰："以诚为怀，以信为本，以诚待人，至诚通天，诚信为君子之道也""诚者，天之道也；诚之者，人之道也"（《礼记》）。真诚是万事万物共同遵循的准则，以诚学习则无事不克，以诚立业则无业不兴，至诚能感通一切！

附图 7.1　申艳光摄影作品《天路》

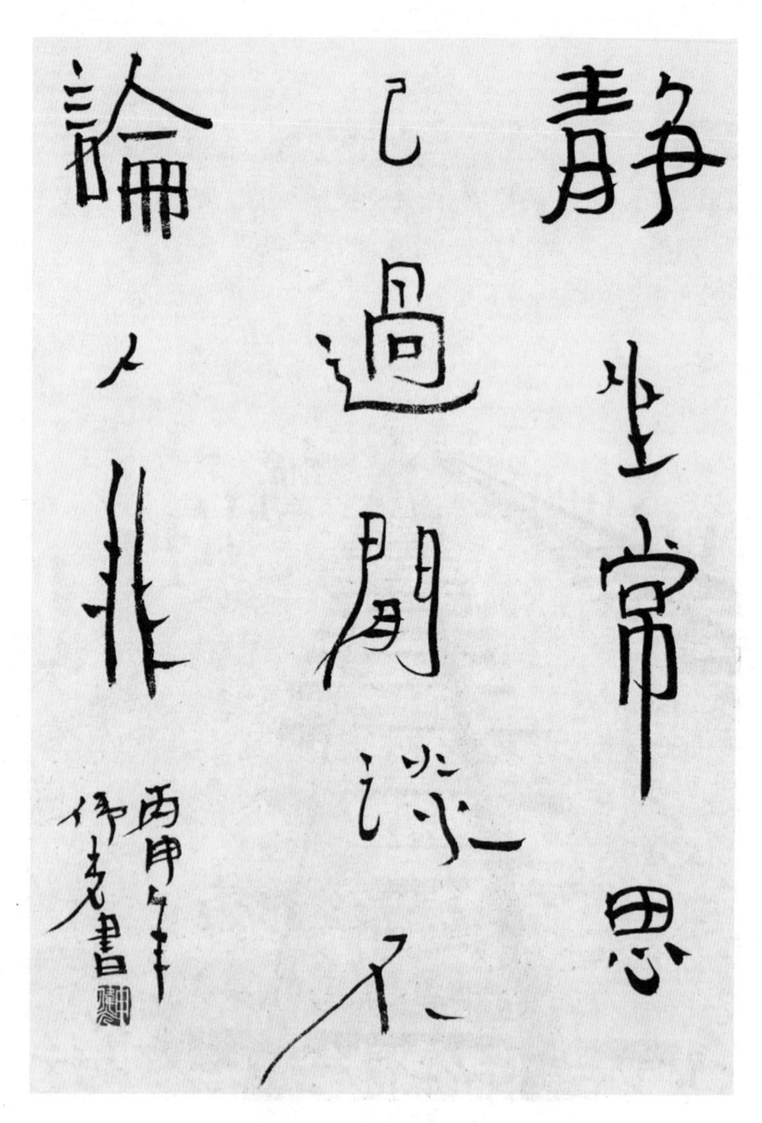

附图 7.2　申伟光书法作品

‖第 8 章　以道驭术‖

为了使你们的工作能增进人类福祉，仅仅了解应用科学是不够的。对人类本身及其命运的关怀必须成为一切技术努力的主要目标。

——爱因斯坦

没有道德的人学问和本领越大，就越能为非作恶。

——陶行知

信息和网络技术的飞速发展冲击着社会生活的各个领域，改变了人类传统的生活方式和生存状态，给人们带来无限的欣喜的同时，衍生出了一些信息伦理问题。因此，提高大众整体的信息伦理水平，是当今社会应担负起来的重要责任。

马克思曾经说过，道德的基础是人类精神的自律。我们只有把对伦理的认知提升到人类不可或缺、自性本具的德行，才能发挥人类自性的光芒，否则将泯灭我们的自性，降低自己的人格。

8.1 信息伦理原则

信息伦理(Information Ethics,IE)是指涉及信息开发、信息传播、信息管理和利用等方面的伦理要求、伦理准则、伦理规约,以及在此基础上形成的新型伦理关系。

简单说,信息伦理是指信息在开发、传播、管理和利用等方面的伦理要求。

伦理一词首次出现在罗伯特·豪普特曼于1988年所著的《图书馆领域的伦理挑战》一书中。伦理包括人际关系规律和人际行为应该如何规范的双重含义,道德仅指人际行为应该如何规范这单一层面意义。伦理是整体,道德是伦理的一部分。

全球许多国家和地区,除了建立相应健全的信息法律作为行为准则外,一些民间组织还会制定信息活动规则,对信息伦理的完善起到了很好的推动作用。

塞文森(Richard W. Severson)在其著作《信息伦理原则》中提出并倡导了四个有关信息伦理的基本原则:第一,尊重知识产权;第二,尊重隐私;第三,公平参与;第四,无害。

8.1.1 尊重知识产权

知识产权是指创造性智力成果的完成人或商业标志的所有人依法所享有的权利的统称。

1. 中国知识产权保护现状

我国对知识产权保护非常重视,从20世纪70年代末起,便逐渐建立起完整的知识产权保护法律体系,1980年6月3日中国成为世界知识产权组织的成员国,现已形成了有中国特色的社会主义保护知识产权的法律体系,保护知识产权的法律制度包括如下内容。

(1) 商标法

1983年3月开始实施的《中华人民共和国商标法》及其实施细则与国际上

量避免对他人造成伤害。

任何新技术都是一把双刃剑。科技工作者在创造科技成果、利益人类社会的同时，必须权衡科学技术给人类带来的道德风险。《大学》有“君子先慎乎德”。国以人为本，人以德为本。信息伦理的一个重要内涵就是信息伦理道德。为了维护良好的信息环境，遵守信息伦理是每位社会成员的义务，信息交往带来自由的同时，每位社会成员都应当共同维护信息伦理秩序。

8.2 行业组织规范和准则

国际上的许多组织都制定了具体的信息伦理准则和行业行为规范。

1. 美国计算机协会的信息伦理准则

美国计算机协会的信息伦理准则，主要包括以下条款：
① 保护知识产权；
② 尊重个人隐私；
③ 保护信息使用者机密；
④ 了解计算机系统可能受到的冲击并能进行正确的评价。

2. 英国计算机学会的信息人员准则

英国计算机学会的信息人员准则，主要包括以下条款：
① 信息人员不可只顾服务于雇主及顾客，而背离大众的利益；
② 遵守法律法规，特别是有关财政、健康、安全及个人资料的保护规定；
③ 确定个人的工作不影响第三者的权益；
④ 注意信息系统对人权的影响；
⑤ 承认并保护知识产权；
⑥ 行业行为规范。

3. 电气和电子工程师学会(IEEE)的会员伦理规范

电气和电子工程师学会(IEEE)的会员伦理规范如下：

① 在维护大众安全、健康与福祉的前提下，接受进行工程决策的责任，并且及时揭露可能会对大众或环境造成危害的因素；

② 避免任何实际或已察觉的可能利益冲突，并告知可能受影响的团体；

③ 根据可取得的资料，诚实并确实地陈述声明或评估；

④ 拒绝任何形式的贿赂；

⑤ 在科技知识的普及了解、科技的应用及潜在结果方面进行改善；

⑥ 维持并改善我们的技术能力；只在经训练或依经验取得资格，或相关限制完全解除后，才为他人承担技术性相关任务；

⑦ 寻求、接受并提出对于技术性工作的诚实批评；了解并更正错误；并适时对于他人的贡献给予赞赏；

⑧ 公平地对待所有人，不分种族、宗教、性别、健康状况、年龄与国籍；

⑨ 避免因失误或恶意行为使他人利益受到侵害；

⑩ 协助同事及工作伙伴在专业上的发展，以及支持他们遵守本伦理规范。

8.3 以道驭术——软件工程师的伦理与道德

原则与规范可以约束人们的行为，明确行为的边界。而道德规范，激发的是人们内在的自律。我们中华民族拥有着五千年文明历史，并且有着优良完整的伦理道德体系。所以中国的传统道德文化完全可以在人的思想上建立一道强大的防火墙，彻底将人类的行为规范在伦理大道上。

“以道驭术”就是以“道”制约“术”的发展，使“术”的发展合乎“度”的要求。它的内在根据是技术的善恶二重性。

8.3.1 软件工程师的责任

1. 软件工程师对专业的责任

“以道驭术”在对专业的责任中，“道”可理解为“道法”“道路”，引申为事物运动变化的规律及法则。

工程师要有追求真理、客观、求实的精神，凡是自己参与的工程，对其设计和建设均应认真对待，杜绝工程失误，并自觉承担相应责任和后果。要具备良好的职业道德，在其职责范围内，不允许将个人的好恶、偏见、恩怨、私利等因素掺杂进工作中。在工程实施的全过程中必须尊重和保护知识产权，尊重和保护公司、雇主、客户的隐私和商业机密，对计算机系统等可能受到的冲击进行正确的评价和预测，尽量避免软件漏洞给客户带来潜在风险。

中国的十大软件侵权案例几乎尽人皆知，其中我们最熟悉的莫过于“珊瑚虫”引发的侵权案。“珊瑚虫”QQ对腾讯正版QQ进行了侵权，并将改动后的软件放置于互联网上供他人下载以牟取私人巨额利益，严重侵犯了腾讯公司的著作权。2008年，法院判决：被告人陈寿福犯侵犯著作权罪，被判处有期徒刑3年，并处罚金120万元；对被告人陈寿福违法所得总计117.28万元予以追缴。

以上案例说明了作为软件工程师若不能担当起相应的专业责任，将会给公司、自己带来巨大的利益损失和名誉损失。

2. 软件工程师对雇主的责任

“以道驭术”在对雇主的责任中，“道”可释义为服从、诚信和公平的原则。

软件工程师要对所服务的机构、公司、雇主、客户负责和忠诚。例如，软件工程师设计招标合同方案时，应全面考虑性价比、进度等因素；在产品的使用前，告知客户在使用过程中的风险等。在此体现了软件工程师诚信、公平、公正的精神。

3. 软件工程师对社会的责任

“以道驭术”在对社会的责任中，“道”可释义为人们必须遵循的社会行为的准则、规矩和规范。

软件工程师要始终坚持对公众和未来负责的态度，决不能利用其所掌握的科学技术知识违背人类道德范围。一方面，信息技术为人类精神物质文明的进步做出了巨大的贡献。另一方面一系列如网瘾少年、盗版侵权、人肉搜索、网络谣言等社会伦理问题，对经济、政治、文化的发展和社会的稳定造成了严重的威胁。软件工程师应注重整体利益，担负起信息网络健康发展的重要使命。

《菜根谭》有“富贵名誉，自道德来者，如山林中花，自是舒徐繁衍；……若以权力得者，如瓶钵中花，其根不植，其萎可立而待矣。”

世间的功名利禄，如果是通过不断提高自身修养与品行得来的，就好比生长于大地肥沃的树木，枝叶花果自然繁茂；如果是通过权术或暴力得来的，那么就会像瓶中花，没有根基、无法生存。

8.3.2 软件工程中的诚信与道德

先贤孟子曰：“车无辕而不行，人无信则不立。”可见我们的祖先早在几千年前就告诫后人，只有诚信才是人立足于社会的根本。“诚信做人，诚信为学”“内信于心，外信于人”，这是每个人自立于天地间的基本道德，何况软件行业？

由于工程师既要顾及雇主的利益，还要考虑客户的利益，同时还要去权衡个人利益等，各种诱惑也接踵而至，如果没有强大的抗诱惑能力，就很容易被金钱等诱惑，某些公司或个人为了赚取利益，不惜向游戏中加入暴力和色情等不健康内容，刺激人们的欲望，以期吸引玩家，获取非法收入。开发商和游戏设计人员如果没有良好的道德品质作为根基，在利益驱动下，可能会使他们自己一步步陷入金钱的泥淖中无法自拔，同样，如果不能对伦理法则有清晰的认识，很容易突破道德的底线，做出违法之事。

《玉泉子》一书中记载：吕元膺任东都留守时，有一次正和一位处士下棋，突然接到了上面的公文，吕元膺只好暂时离开棋盘去批阅公文，这时，那位棋友趁其不注意偷偷挪动了一个棋子，以此胜了吕元膺。其实吕元膺在批阅公文归来，已经发现棋子被挪动了，但是他没有当面揭穿。第二天，吕元膺便辞退那位处士，请他到别处去谋生。周围的人都不明白为什么，就连那位处士自己也不清楚为什么被辞退。

辞退棋友这件小事，体现出了吕元膺的高度智慧。他能够见微知著，从这位棋友的小动作中发现了他的劣根性。这位棋友，为了一己私利，跨越了道德底线，降低了自己的人格。小事不小，小中可以见大。

我们中华民族是拥有五千年历史的文明古国，汉字创造的本身便是我们祖先智慧的结晶，信者，人言也。诚信者，真诚守信之谓也。诚信，是一种美德，是一种可贵的善良；诚信，是人类心灵的宝藏，是人生的无形资产。相反，失信，则促使世间的无数不幸和灾祸频频发生，给人类自身带来无尽的灾难。“人无信不立”。

诚信是人立身处世的基点。子曰：“德不孤，必有邻”“人而无信，不知其可也。大车无輗，小车无軏，其何以行之哉”。《道德经》有“信不足焉，有不信焉”，《大学》有“是故君子有大道：必忠信以得之，骄泰以失之”。

路遥知马力，日久见人心。君子要有正确的原则：人以诚为本，利以信为先。我们只有通过忠诚信义才能获得一切，相反，骄奢放纵给我们带来的只会是梦幻泡影。

8.3.3　慎独——软件工作者的自律原则

“慎独”是儒家伦理的重要内容，朱熹对“慎独”的解释为：“君子慎其独，非特显明之处是如此，虽至微至隐，人所不知之地，亦常慎之。小处如此，大处亦如此，明显处如此，隐微处亦如此，表里内外，粗精隐现，无不慎之。”

慎独原则强调在一人独处时，内心仍然能坚持道德信念，一丝不苟地按照一定的道德规范做事。

《礼记・中庸》：“君子戒慎乎其所不睹，恐惧乎其所不闻。莫见乎隐，莫显乎微，故君子慎其独也。”慎独，不仅是某个人的修心养性行为，更是几千多年来我们民族的修为。慎独，被视为几千年来君子自律的最高境界。

历史上有很多“慎独”的生动例证。这些古圣先贤用“慎独”鞭策自己，我们在他们身上感受到了慎独这种高尚情操的光芒。晚清名臣曾国藩在遗嘱中第一条说到的就是“慎独”。他说：“慎独则心安。自修之道，莫难于养心，养心之难，又在慎独。能慎独，则内省不疚，可以对天地质鬼神。人无一内疚之事，则天君泰然，守身之先务也。”康熙将“慎独”概括为“暗室不欺”，林则徐在居所悬挂一块醒目的横额，上书“慎独”二字，以警醒、勉励自己。

慎独，本质上就是《大学》中所说的“诚其心，正其意”，也是骆宾王《萤火赋》中的“不欺暗室”，是对自我的德行的尊重，也是对自己性灵的敬畏。一个诚心正意之人，一个敬畏自己心中神圣道德的人，一定是善良的、富足的；群处时能守住嘴，独处时守得住心。

据报道，英国加德夫大学与美国德州大学的联合研究显示，善恶有报是真正的科学。科学家在神经化学领域的研究中发现，善恶有着不同的能量频率，有着不同的物质特性。当人心怀善念时，人体会分泌出令细胞健康的神经传导物质，正念常存，人的免疫系统就强健；而当心存恶意时，走的是相反的神经系统，身体机能的良性回圈会被破坏。所以善良正直的人往往更加健康长寿。正如中国传统中医学讲的“正气存内，邪不可干”。勿以恶小而为之，勿以善小而不为。

慎独，是人生的一种境界，是一场自我与全世界的对话，更是自我与灵魂的对话。

慎独，是中国人的千年修行，是一种静美，一种至高的人生境界。

古人诸葛孔明忠心事主，精于韬略，善于运筹，尽其智术而全道义，竭其忠心而事蜀汉，是道与术、德与才的完美结合。

术合于道，相得益彰。君子有道而小人有术；君子以道经世而小人以术害人；君子以道而杀身成仁，小人以术而杀人成事。

在当今这个信息技术高速发展的世界，我们的困惑少吗？诱惑少吗？疑惑少吗？庄子说：“小惑易其方，大惑易其性”。小迷惑改变的是人生的方向，大迷惑改变的是人的本性。

“君子爱财，取之有道”。《大学》中讲：“君子先慎乎德，有德此有人，有人此有土，有土此有财，有财此有用。”一个君子首先讲的不是财力，而是德行，为什么？因为有了德行就有人来追随他，帮助他，财富就来了，你的投入就有了回报。有财要反过来去行德，即“以财发身”，这是仁者，他用他的财富使得他的道德能够提升，用于修身，进而安家、治国、平天下。

春秋战国时期的范蠡是中国历史上的一位传奇人物，被称为中国商人圣祖，财富三聚三散，富甲天下。世人誉之：“忠以为国；智以保身；商以致富，成名天下”。他的人生之路、经商之道非常值得我们学习借鉴。作为一代商圣，范蠡的经营思想非常丰富，他主张“逐什一之利”，薄利多销，不求暴利，这非常符合中国传统文化中经商求诚信、求义的原则。范蠡无论是在从政方面、治国方面，还是经商方面都可以称得上是一名成功者。探究其成功的原因，我们能从范蠡处事上感受到他的人格魅力，他儒道互补，外道内儒，所以他在从政和经商中都保持了心态的平和、淡定。范蠡"富好行其德"，因为他意识到物聚必散、天道使然。《老子》有："圣人不积，既以为人已愈有，既以与人已愈多。"

从春秋战国时期的范蠡，到明朝的沈万三，再到清朝的王炽，无论是高官、布衣、富豪还是贫民，这样的君子，组成了人杰的方阵，用自己的自性光芒，光照寰宇。这些爱财而又取之有道的君子是永远值得我们学习的。

在当今全球化技术大爆发的社会，我们运用的各项计算机技术日新月异、千变万化，以至于法律很难简单地确定罪与非罪，甚至我们都很难确定这些行为是否合乎规范。因此我们就要借助于中国传统道德文化教育："以道驭术"。以道义来承载智术，则无往不胜，以术驭道，则处处碰壁。只有达到人和技术完美的结合，才可发挥出技术的本有的灵性。如果想真正地希望提高自己的职业素养，那么首先应考虑如何能让自己所从事的事业更加符合道，并坚守这个道，怎么能让自己在给大众创造社会价值的同时，使别人通过你的付出，让他的心灵能够得到净化，心性有所提高，而不仅仅是专注于术。

"崂山道士"的故事，可能大家都知道。一个人到崂山去学道，可是他嫌学道太苦，于是让师傅教他学些实用的法术。三年之后他自认为已经学会了"穿墙术"，就告别师傅下山回家了。回家后，想给妻子炫耀一下，于是口念咒语一头向墙上撞去，结果墙没穿过去，头上却撞出一个大包。其实他不明白，使用道术不能心有杂念，当他以炫耀之心，表演穿墙术时已犯了道术最根本的禁忌。他只道是自己学业不精，还需继续修炼。从那以后什么也不干，就一心练法术。"穿墙术"练会了，可是家道却贫穷了。妻子发了火，说："你成天只顾练法术，什么也不干，家里都快揭不开锅了，"他说："学会穿墙术什么都会有的。"于是他就心起了邪念，想窃取邻家的东西，可是他万万没有料到，当他念着咒语去穿邻家的墙时自己却被夹在了墙中，再也出不来了。这就是缺乏了道而只有术所造成的恶果。

思想家荀子说过"修道而不贰，则天都不能祸"。这就要求我们应该用中国传统文化教育为现代高速发展的计算机技术铺设一条伦理大道，使人们能够以道义来承载智术，有道有术，才能真道为本，术为实用，相辅相成，达到人和技术的完美结合。

“道”为体，“术”为用。“道”是万事万物的根本，“术”是“道”的呈现与方便。“道”是宇宙人生的法则，是人世间的真理，是人应当遵守的规律，这不是愿意不愿意的问题，因为“道”真实存在，不会消失灭亡，更不会以人的意志为转移。

中华民族五千年来，风风雨雨，几经磨难，但之所以至今被称为“文明古国”而屹立于世界文化之巅，正是因为无论历史如何沧桑变幻，我们中华民族从未丢失过心中的道义！“闵损芦衣”的孝、“苏武牧羊”的忠、“穆姜仁爱”的仁、“季布一诺”的信、“云敞葬师”的义，在漫漫的文化历史长河中，多少人用生命诠释了仁、孝、忠、义的伟大精神，而这些精神至今仍流淌在我们的热血之中！将这一腔热血传承下去，正是我们炎黄子孙应有的担当！

随顺“道”获得吉祥，违背“道”招来灾祸，自古至今的中西方历史早已充分地证明了这一点。所以，作为一个立足于当代并想有所担当的工程师，应具备慈悲的心怀和卓越宽广的历史眼光，以及多学科的综合性修养，应追求成为一代“大家”，而不仅仅只是一个“匠”。

为国为民，方为大家！

附图8.1　申艳光摄影作品《冲》

附图8.2　申伟光书法作品

附图 8.3　申伟光油画作品

参考文献

[1] Frederick P Brooks. No silver bullet：Essence and accidents of software engineering[J]. IEEE Computer，1987，20(4)：10-19.

[2] 申伟光. 申伟光的话与画[M]. 北京：新华出版社，2017.

[3] 骆斌. 需求工程——软件建模与分析[M]. 2 版. 北京：高等教育出版社，2015.

[4] 骆斌. 人机交互 软件工程视角[M]. 北京：机械工业出版社，2012.

[5] S Kujala，M Kauppinen. Identifying and selecting users for user-centered design[C]. Nordic Conference on Human-computer Interaction，2004：297-303.

[6] 圣严法师. 圣严法师：从心沟通[M]. 北京：华夏出版社，2009.

[7] 邹欣. 构建之法[M]. 2 版. 北京：人民邮电出版社，2015.

[8] 张大平，殷人昆，陈超. 软件项目管理与素质拓展[M]. 北京：清华大学出版社，2015.

[9] Boswell，D Foucher. 编写可读代码的艺术[M]. 北京：机械工业出版社，2012.

[10] Martin Fowler. 重构：改善既有代码的设计[M]. 熊节，译. 北京：人民邮电出版社，2015.

[11] Glenford J Myers. The Art of Software Testing，Third Edition [M]. John Wiley & Sons，Inc.，Hoboken，New Jersey. 2011.

[12] 辛明海，潘孝铭，王晋隆. 软件文档编写[M]. 北京：高等教育出版社，2009.

[13] Constantine Stephani. 人机交互：以用户为中心的设计和评估[M]. 5 版. 董建明，傅利民，饶培伦，译. 北京：清华大学出版社，2016.

[14] Severson R W. The principles of Information Ethics[M]. New York：M. E. Sharpe，Inc. 1997.